崩潰媽咪的育兒日記

——幫媽咪擺脫怒吼日常的教養法

子どもを叱りつける親は失格ですか?

阿部直美◎著

小川大介◎監修

序言

插畫家阿部直美(34歲)、育兒經歷10年。
每天在家事／帶小孩／工作中打滾。
這位是老公(37歲)。
會用計算機幫漂亮老婆管錢的會計員。
老大小奇(10歲)。
擅長鋼琴的小4生。
老二小安。正值不要不要的叛逆期。
喜歡壽司的幼稚園寶寶。
老三美佳(1歲)。
凡事都不想輸給哥哥們的托兒所寶寶。
在這樣的家中…
你在做什麼？
喂~~
不行!!
就說不行了!!
哥哥打我!
好痛~
不對吧!!是小安你先不守規定的!!
抽
我抽
如果會吵架的話，就不要一起玩!!
吼~~
斥責的聲音總是響徹整個家中…

呼…
呼…
一下生氣、一下罵人，真的很消耗體力。
我小的時候明明…
也是很討厭被罵
為何不能每天都平靜的帶小孩呢…
另一方面，
總是很沉穩、溫柔的爸爸
翻來 翻去
秒怒
不用練鋼琴嗎？
火大 火大
對於學習一事十分嚴格
如果不想學習的話就不要做
是—
如果小奇偷懶的話，爸爸就會十分生氣

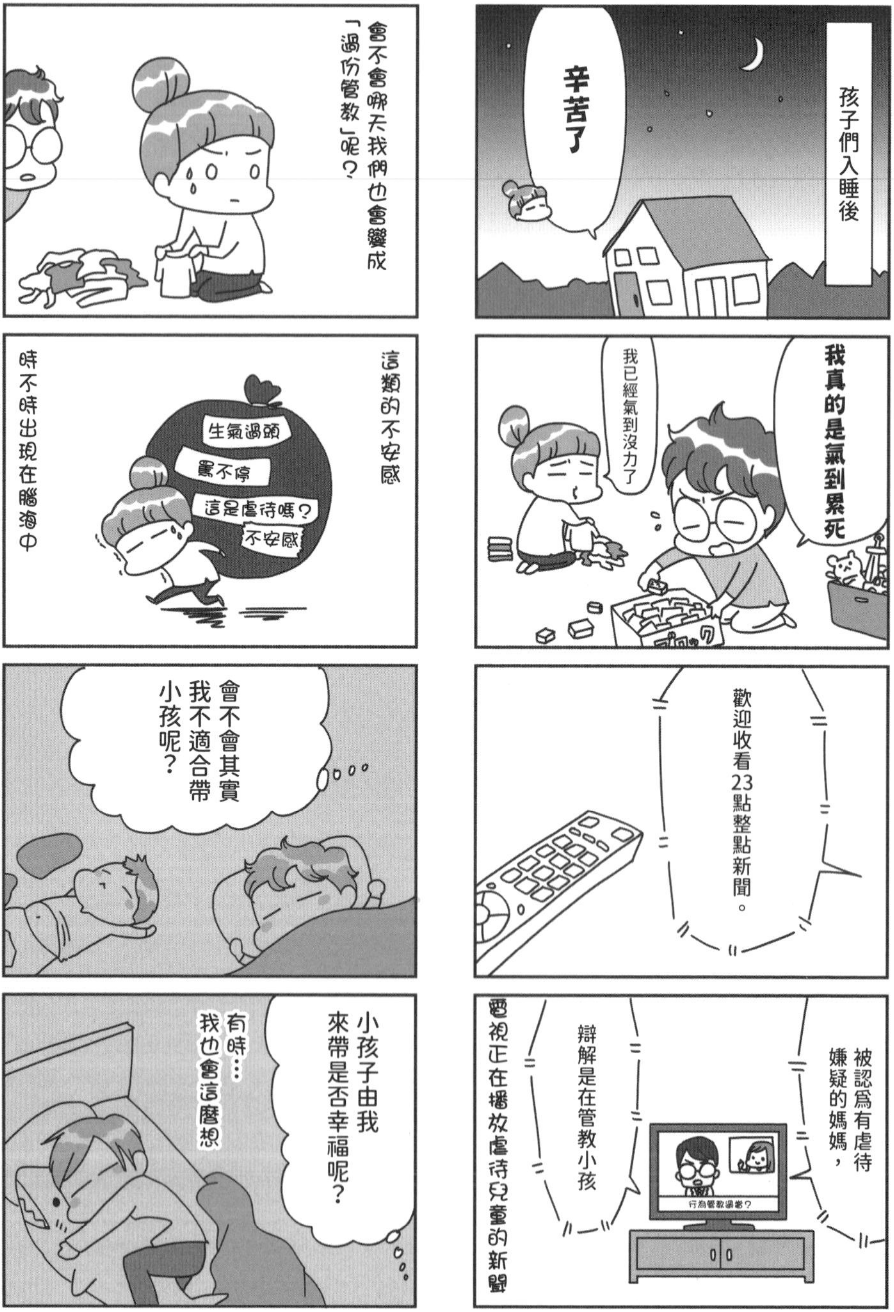
孩子們入睡後
辛苦了
我真的是氣到累死
我已經氣到沒力了
歡迎收看23點整點新聞。
電視正在播放虐待兒童的新聞
被認爲有虐待嫌疑的媽媽，
辯解是在管教小孩
會不會哪天我們也會變成「過份管教」呢？
這類的不安感
生氣過頭
罵不停
這是虐待嗎？
不安感
時不時出現在腦海中
會不會其實我不適合帶小孩呢？
小孩子由我來帶是否幸福呢？
有時…我也會這麼想

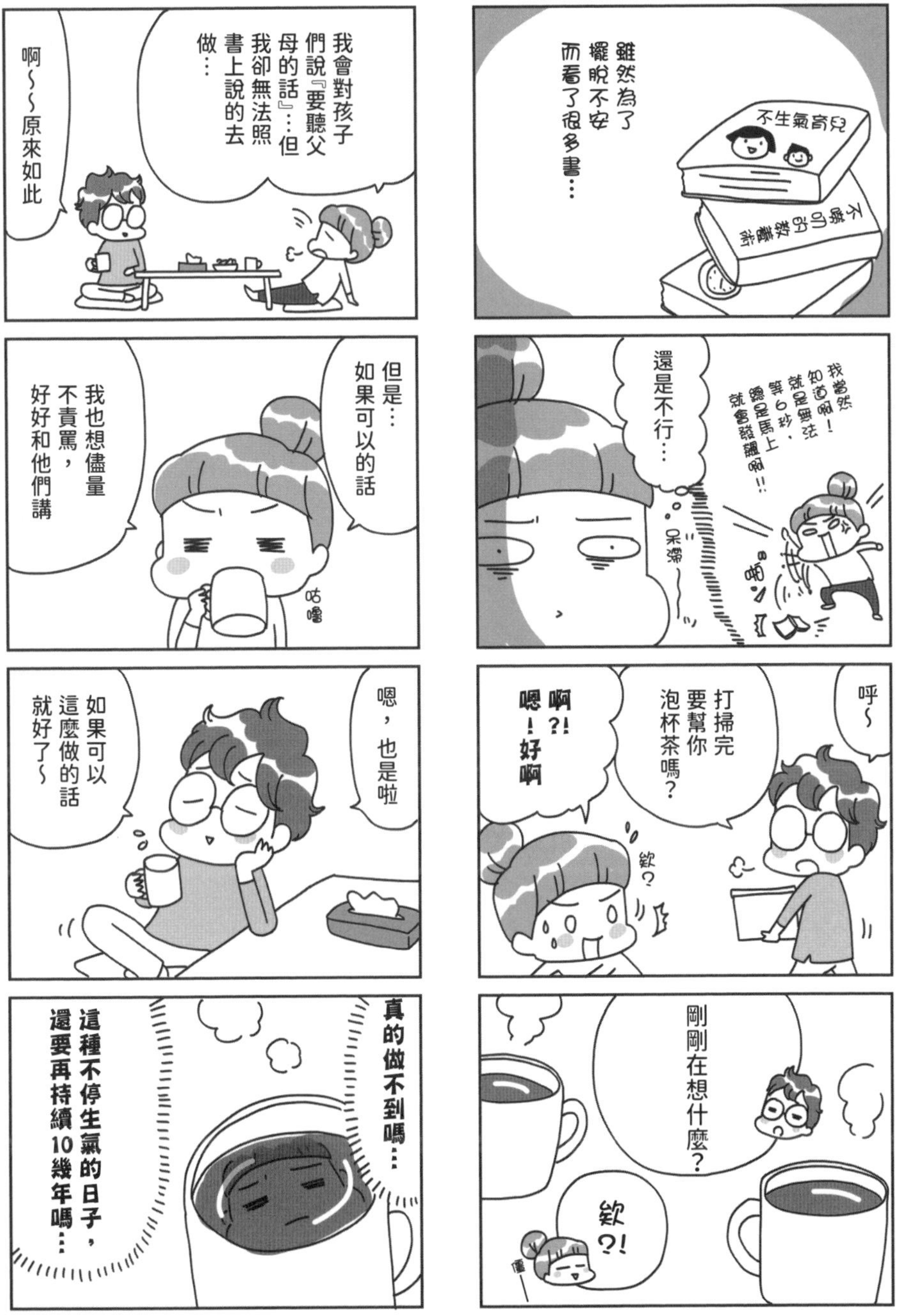
雖然為了擺脫不安而看了很多書…
不生氣育兒
不罵的教養術
我當然知道啊！就是無法等6秒，總是馬上就會發飆啊!!
還是不行…
呆滯~
啪
呼~
打掃完要幫你泡杯茶嗎？
啊?! 嗯！好啊
欸？
剛剛在想什麼？
欸?!
我會對孩子們說『要聽父母的話』…但我卻無法照書上說的去做…
啊~~原來如此
但是…如果可以的話
我也想儘量不責罵，好好和他們講
咕嚕
嗯，也是啦
如果可以這麼做的話就好了~
真的做不到嗎…
這種不停生氣的日子，還要再持續10幾年嗎…

目錄

CONTENTS

第4章 斬斷憤怒的連鎖效應 解決方法2

第5章 教養也必須與時俱進

书

第1章

忽然發現，整天都在對小孩發脾氣

1話 和小孩平靜、快樂地過日子有多困難?!

小奇！差不多該去上學了！
尿布蓋章中
今天的課是全天還半天？
嗯～全天…
啊！
在這聲「啊！」之後，大致會出現3種模式。
模式①
此問卷回覆期限好像是今天
家長問卷
30%
怒
模式②
昨天的筷子和水壺忘記拿出來了…
50%
怒
模式③
今天應該要帶便當
MAX!!
怒
你說便當嗎
?!
為什麼現在才說?!吼！
極度煩躁
上次也是忘了說，我那時也超氣的！
歹…歹…歹勢啦…

啊啊啊啊！
屁屁外星人跑走了！
美佳，快來穿尿布！
光溜溜
媽咪，我還想再吃一點！
蛤！
剛剛已經把白飯用完了！
空空如也
寶貝，飯已經沒了，吃麵包好嗎？
不要
給我等3分鐘
怒火中燒
超快速3分便當
冷凍白飯
冷凍可樂餅
冷凍培根捲
冷凍肉丸
冷凍涼拌青菜
幾乎都是微波食品
噹——!
好了！路上小心！
有帶甜點嗎？
怎麼可能有啊！
我出門了
掰
小奇上學後，換托兒所寶寶&幼稚園兒童的早晨時段♪

不要不要！我就是要吃飯飯！
哇哇大哭
那～吃點麵包嘛
不要麵包，我要吃飯！
咚咚
小安，把制服穿上！
不要
有什麼就吃什麼!!
小安！不可以任性！
不要 不要
求求你，把制服穿上！
心累
快點啦！
不要
不要
不要
10分鐘後
不悅地吃著麵包
咬
咬
半露屁屁以示不滿
真是夠了，快穿上衣服～～～
不要！
這樣的話就不去幼稚園囉？
不要！
每天都這麼難搞
幫美佳穿褲子吧
等等我需要去沖個澡了…
終於！各自都去上學了
走了！
我送他去！
匆忙
路上小心！美佳我來送！

美佳的托嬰時間雖然到下午4點，但對於整天被工作追趕的我們來說，時間仍然不夠用
分秒必爭…
狼吞虎嚥
一轉眼就來到下午了…
嘎—
嘎—
我回來了
我回來了
回來了
我肚子餓了
晚餐吃啥？
在煮了啦！
小安想吃點心
吱吱吱吱
不行！
老公正在和搗蛋公主美佳纏鬥中！
不～要～拿～！
晚餐估且是煮好了…
蛤？
哥哥的漢堡排爲什麼比較大！
一樣大小啦！
馬上吵起來…
晚餐後，就是小奇、小安、美佳、老公的沐浴時間
不要
我不要洗澡
就是要盧很久，才願意去洗澡
洗完澡後…
不要，我在練等
小奇，幫小安穿衣服
不要
讚啦，接下來就要打王了！
三～～丈～～
火～～冒～～
耶～

小奇…不用練鋼琴嗎？
啊…那個…打完後再…
怒火沖天
請幫小安穿衣服
媽媽生氣了~
轟轟轟轟轟轟
打電動和練鋼琴，哪個比較重要？
練鋼琴…
那為什麼不能自己主動去練習呢？
是誰說想學鋼琴才去補習的？
是我…
慘了，又要開始說教了…
老媽我小時候，都沒辦法學習才藝…
並不是每個人都可以學習自己想要學的才藝
可以做自己想做的事！
這是件多麼幸福的事啊?!
每個月都要支付鋼琴的貸款和補習費、材料費！
每日接送、才藝發表會、鋼琴大賽等等
這都是用爸爸和媽媽上班賺的錢及時間換來的
呃呃
每週大約會有1次啟動生氣開關
你把爸媽的苦心當什麼了?!
並持續30分鐘以上的碎唸及怒罵…

40分鐘後
不准出房門，好好的練習1小時！
知道嗎?!
好
好
呼
呼
碰
孩子們入睡後
我也來去洗澡了…
起身
今天也發飆了，累死我了…
日復一日啊～
我是不是不適合當媽媽呢…
眉毛間卡粉脫妝的粉底…
就是不斷生氣的證據
啊
和孩子們每天開心的過日子
是這麼困難的事嗎?

小川老師的「生氣也可以哦」特輯①

越是危急的情況，就越容易生氣

不論是多麼溫柔的媽媽，從懷孕的那一刻起，就已是「全力以赴」的緊繃狀態。從小孩出生前，就一邊注意著肚中孩子的健康，直到小孩2～3歲前，都處於一個無法獲得充足睡眠的狀態。總是一邊煩惱著孩子可能發生的任何事，並一邊養育著小孩；而在此狀態下，不管是誰都會出現負面情緒。等孩子稍微再大一些，就會開始煩惱他們的課業等等，同時也會逐漸產生對未來的不安及憂心，所以媽媽們總是被這些問題困擾著，總是處於不健康的情緒中。

當人長期處於危急和負面的精神狀態下，本來就會難以控制憤怒的情緒，再加上觸碰到「明明已經說過好多次了！」的地雷，就會失控。阿部小姐會持續30分鐘以上的怒罵，就是因為上述原因。

在斥責小孩時，最重要的一點是要簡短扼要地傳達「媽媽為什麼會生氣」。只要能控制好這點，即使是順著情緒去宣洩也是可以的。就算誠實說出「氣死我了！」這句話也可以的。但是如果持續30分鐘以上的責罵狀態，最後會變成連媽媽自己都不清楚「為什麼要生氣」的情況。

想罵到氣消為止的媽媽們，必須先了解自己為什麼生氣。因為對於無法控制憤怒情緒的你來說，最需要的正是原諒自己。會生氣並非是你的錯，而是情況越緊急，你才會越生氣。

2話 不想責備小孩的老婆・必須適當斥責孩子的老公

今天也動怒罵小孩了…
這跟以前家裡的長輩們有什麼不一樣…
小時候，老家是4代同堂的9人家庭！
昭和初期出生
大正出生
明治出生
曾祖父母
爺爺奶奶
哥哥
父母
這個是我
雙胞胎姐妹
由於是農業家庭，所以大人們一直很忙…
小孩子們總是無拘無束地玩耍著
哥哥在玩電動
喂！
啊
我不是說過不能在這玩嗎！
對不起…
曾祖母明明就說「可以在這邊玩」…
哼～
家族成員6個大人，有各自的規則
明明爺爺說可以的…
水很珍貴的，不可以玩水！
因爲有6種規則，所以總是很混亂

總是擔心不知何時會被大人罵
這個房間…爸爸、爺爺和曾祖母說可以進去
所以每天都在思考不被責罵的方法
媽媽、奶奶、曾祖父說不行
不管怎麼思考，每天都會被某人罵
你在做什麼！不行這樣！
喂！
爸爸非常沒耐心，小孩只要說出不順他心意的話
你在胡說些什麼！想吃拳頭嗎！
痛
馬上就會被K頭
媽媽是非常認眞有條理的人
快步
移動
吼~要好好整理乾淨啦！不然我要全丟囉！
房間太亂的話，媽媽會覺得很阿雜
倉鼠
仙人掌
桌子！太亂了！
無法在桌上寫功課
如果忘記整理，一段時間後…
因為真的太亂了，我就幫你整理囉
這個用不到，我丟掉囉！
亮晶晶
哇！這樣就完全不知道東西在哪了…
媽媽強制整理模式開啟！
我長大爲人母以後…
嗚~~嗚
會溫柔對待小孩的！一定會讓他們做自己喜歡的事！

睡不著
完全不是溫柔媽媽的料…
小奇是不是也和我小時候有相同的想法？
不…不對…
持續30分鐘以上碎唸及責罵…
補習費！！
鋼琴的貸款！
才藝發表會！
接送很費時間！
爲什麼不練鋼琴！
嗯~對不起
嗯~
我幾乎沒有遇過！
小時候的我如果被罵…
我被爸爸揍了！
爲什麼?! 爲什麼?!
嗚哇哇哇~嗚
啪
啪
大人都放任不管
幾乎不太說責罵的原因、理由
……
直到哭累了、安靜爲止
爲什麼不告訴我呢？
難道就連告訴我的意義都沒有嗎？
因爲不是長子或長女嗎？
心寒
放棄哭泣
對了…對了…原來是討厭被冷落
好了
終於哄入睡了
碎碎唸反而是負面教材嗎…
叩叩
都睡了嗎？我買了布丁回來，要吃嗎？
我要

老公，你還記得小時候都是爲什麼被罵嗎？
雞蛋布丁
嗯…
幾乎沒有被罵耶
啊～好像有一次，是國中的時候，玩電動玩過頭了
蛤…
只有1次？
騙人
其實老公也會生氣罵人
你到底有沒有心想做啊?!
那已經完全是熱血教練的模式…
老公的地雷…是這個
那個…今天要上鋼琴課…
上課時間快到了…
不要想叫我接送你上下課哦！
報告 聯絡 討論
報 聯 討
如果你需要我接送的話
那就應該提前跟我說吧!!
生氣的老公一定會…
什麼都不事先說、也不去練琴！
如果這些都做不到，那你乾脆都不要學才藝!!
和小奇說了這些之後，小奇就哭了…
嗚嗚嗚
我不想放棄學琴

難道沒想過要和你爸媽一樣，不動怒把小孩帶大嗎？
咕嚕
啊～我啊
我認為生氣和責罵是必要的，所以我才這樣做的哦！
啊？
那個～沒有被我爸媽責罵的份
全都由國中時期，足球隊的超斯巴達式教育補足了
游泳
然後跑步
最後是足球
雖然練習量也很驚人，但老師對於生活態度、練習態度更是嚴格要求…
由於沒有被爸媽罵的經驗，所以受到不小的挫折
再這樣下去，我會撐不住的…
可能會因壓力過大而暈過去
忽然驚見其他隊員…
這樣下去的話，可是無法取得勝利的哦!!
是的！
大家坦然接受的樣子，那…難不成只有我是爛草莓嗎？
社團活動結束後的回家路上
啊～
今天老師也超生氣的啊
嗯
但是啊！

我家老媽更恐怖啊！
我家也是！我家也是！
是這樣說嗎?!
雖然才國中，
我當上父母後，也好好的教訓一下小孩吧！
但卻已經會這樣想了
當時雖然很辛苦，但現在回想起來，會待在足球隊也不錯！
嗯…
喔～是這樣啊！
原來是位很嚴～厲的老師啊～
熱血教練模式是這樣來的啊
如果從小就在雙親溫柔的呵護下長大的話
這個是怎麼搞的啊!!
搞不好直到出社會才第一次體會到被責罵的感覺
這樣的話，一定會承受不住壓力
驚嚇
而無法成爲一個社會人士
所以我才會選擇斥責小孩！
這也是為了孩子好！
閃閃
不想責罵孩子的我
自豪的臉
認爲該罵孩子的老公…
這樣眞的好嗎…

小川老師的
「生氣也可以哦」
特輯②

生氣的理由，就在於你心中的「價值觀」

無論是什麼樣的大人，都會有「為了變得幸福，應該要這樣做！」的自我價值觀存在。而影響我們的價值觀的就是自己的雙親。

對於向我請教該如何帶小孩的父母們，首先我會建議他們先和彼此的雙親（小孩的祖父母／外公婆），好好聊聊以前是如何被養大的。「原來如此，原來對方的爸爸是很重視這種事情的啊～」在聊天當中，夫妻之間的價值觀也能好好的看清楚和整理。沒錯，這種「價值觀的整理」正是將生氣的自己，由危機狀況抽離的第一步！

那就由我來幫忙各位匯整吧。

很多人都十分在乎別人的想法，為了不被其他人認為是個「麻煩的人」，一直以來都會以「這種事如果一個人做不來的話不行哦！」的想法來教育小孩。因為以前父母親的控制欲更強，所以造就了容易使孩子感到自卑的成長環境。

然後在你所建立的價值觀及潛意識當中，只要發生會觸及內心「恐懼感」的事情，情緒就會有很大的反應。我們試著思考一下，你所抱持著「應該這麼做！」的價值觀，對孩子來說真的是正確的嗎？

現在的時代瞬息萬變，在我們還是小孩子的時候，從來沒想過會有YouTuber這職業吧。父母親的「應該要這麼做！」對小孩子的未來而言，也許並不是加分（正向）的。如果放下自己「應該這樣做！」的價值觀，也許教養能變得更輕鬆。

3話 想脫離這種「狂怒生活」的媽媽們

東京
今天在東京參加會議
嗨
伊藤小姐、鈴木小姐，好久不見！
阿部小姐！
好久不見！
出版社編輯 伊藤小姐
5歲小男孩的媽媽
去那裡喝咖啡吧～
自由作家鈴木小姐
回程的新幹線
7歲和1歲小女孩的媽媽
是幾點啊？
唉～今天早上二寶小安一直不想換衣服，害我差點趕不上新幹線…
早上眞的都是匆匆忙忙的
眞受不了
我們家也是很辛苦啊
白天晚上都是一場大戰啊！
是啊，不管是吃飯、洗澡或睡覺
只要3位媽媽聚在一起，不知不覺就會聊著無止盡的媽媽經…

那個…
我可以聊聊我家小孩的事情嗎？
咦？
怎麼了嗎？
這事發生在不久之前…
我兒子丞丞在3歲的時候
是個對任何事物都充滿好奇心的小孩…
如果只是對動、植物或昆蟲
感到興趣的話那還不錯…
是蒲公英——
花!!
喔咿～～～喔咿
啊！是警車！
他爲了追警車，
差點跑到車道
叭——叭
很危險耶！會被車撞到哦！
差點就死掉了耶！
這不是受點傷而已，可能會沒命的！

我拼命向丞丞說明剛剛的行為是多麼危險…
只見他滿臉驚恐，一臉茫然
在家中的廚房也是…
眼神發亮
只要感到好奇，連菜刀和瓦斯爐都想碰碰看…
啊~不可以碰！
不管警告過多少次，都沒有用…
啪
如果被菜刀割傷，可是會比這個還痛的哦！
超級超級痛的哦！
我忍不住用手打了孩子的手心
哇~~
當天夜裡，丞丞入睡後…
最後…
還是打了下去
我也不想那樣做啊…
但是…如果講不聽的話，還能怎麼辦呢？

誰來教教我啊~
哭泣
就在帶著丞丞
媽咪！我要去公園！
去做3歲半健檢的那天…
和醫師面談時…
在育兒方面，有沒有遇到什麼困難呢？
嗯…那個…
在告誡小孩的時候…
戰戰兢兢的把打小孩的事說了出來…
燦笑—
我們可以
到其他房間聊一下嗎
諮詢室
丞丞在這邊和大姐姐一起玩吧~
請進
帶小孩的確很辛苦，我懂！
什麼情況下會打他呢？
眞的很危險的時候…
嗯
嗯
諮詢室
聊完了
媽咪

結果和醫師聊完，護理師安慰我之後，
媽咪！抱抱！
我便離開了房間
到底應該如何告誡小孩，完全沒有告訴我正確答案
唉
我…該不會被懷疑虐童吧？
心跳加速
之後對於帶小孩就一直沒什麼信心…每次罵丞丞時，就會覺得「我是在虐童嗎？」而感到不安…
抖
抖
唉…還是不要聊這種事吧…
…
…
這種感覺！我懂！
卡噹
咦？眞的嗎？
擦擦
我老公不僅回家晚，也常常出差，我們家幾乎一直是僞單親的狀態啊！
尤其是月經快來的時候，更是會焦躁不安…
喂！
你們～吵死人了！
啊～
這是我的！

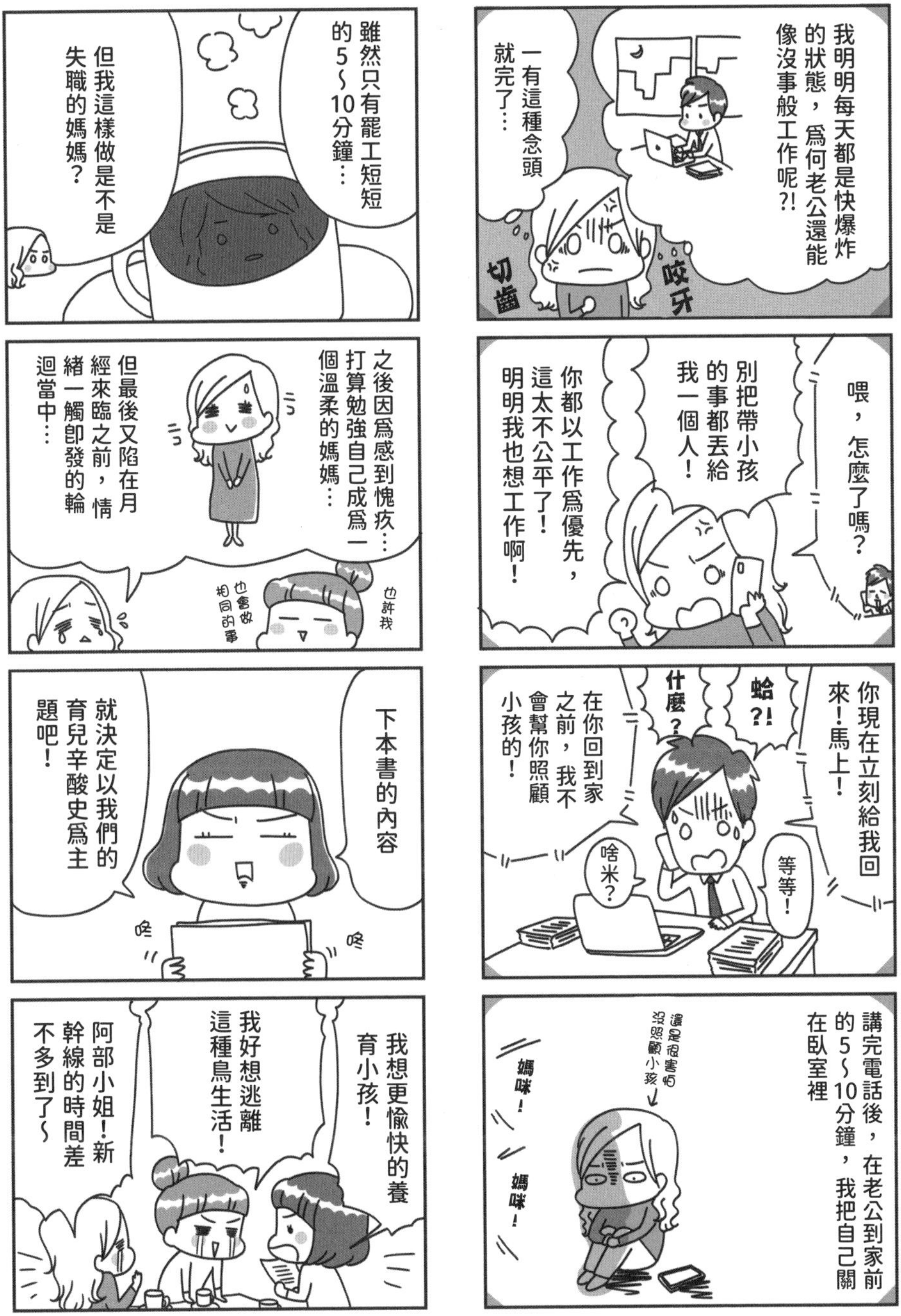
我明明每天都是快爆炸的狀態，爲何老公還能像沒事般工作呢?!
一有這種念頭就完了…
咬牙
切齒
喂，怎麼了嗎?
別把帶小孩的事都丟給我一個人!
你都以工作爲優先，這太不公平了!明明我也想工作啊!
你現在立刻給我回來!馬上!
蛤?!
什麼?
等等!
在你回到家之前，我不會幫你照顧小孩的!
啥米?
講完電話後，在老公到家前的5～10分鐘，我把自己關在臥室裡
還是很害怕沒照顧小孩
媽咪!
媽咪!
雖然只有罷工短短的5～10分鐘…
但我這樣做是不是失職的媽媽?
之後因爲感到愧疚…打算勉強自己成爲一個溫柔的媽媽…
但最後又陷在月經來臨之前，情緒一觸卽發的輪迴當中…
也許我也會做相同的事
下本書的內容
就決定以我們的育兒辛酸史爲主題吧!
咚
咚
我想更愉快的養育小孩!
我好想逃離這種鳥生活!
阿部小姐!新幹線的時間差不多到了~

小川老師的
「生氣也可以哦」
特輯③

接納生氣的自己

到目前為止，我已和許多家長接觸過，每個人生氣的原因都不相同，但引爆點以及生氣的內容，我深深覺得都是大同小異。

讓家長發脾氣的引爆點，都是建立在「為了孩子好」的基礎上。而主要原因大致可分為兩種憤怒，分別是當你的價值觀和想法與實際行為有所牴觸時，以及身為父母的不安感。

以前面的故事來看，伊藤的憤怒是「孩子不知何時會受到重傷的不安感」。鈴木是「必須要一打多的不安感」。感情和不安是一體兩面的，正如同每天都會湧現對孩子的愛，但同時每天也會產生不安感。如果無法向他人抒發及宣洩內心的不安的話，會讓情緒處於緊繃的狀態，因此只要一點點小事，馬上就會使情緒爆發，一發不可收拾。

當我一談到這個，就會有許多媽媽認為「我太軟弱了…我不能再像這樣忐忑不安，我必須要堅強」。尤其越是努力的媽媽，越會有這種傾向。所以常常會建立「只要自己能有所改變，一定會變得更輕鬆」→「所以要努力改變自己」這樣的思考迴路。但是，其實維持不變就可以了。

不應該成為這種愛生氣的媽媽，「所以要努力改變自己」的這種想法其實不可取，應該要誠實地面對自己，「愛生氣的這一面也是屬於我的一部份」。像孩子可能會因為不小心而受傷等等，在育兒過程中本來就會常遇到，所以會動怒絕對不是錯的。因此，即使不改變現在的自己，也是沒有問題的！理由將在下一章節說明。

第2章

想聽聽專家的意見！媽媽生氣的原因

4話 不論多愛孩子，只要缺乏知識都是沒用的！

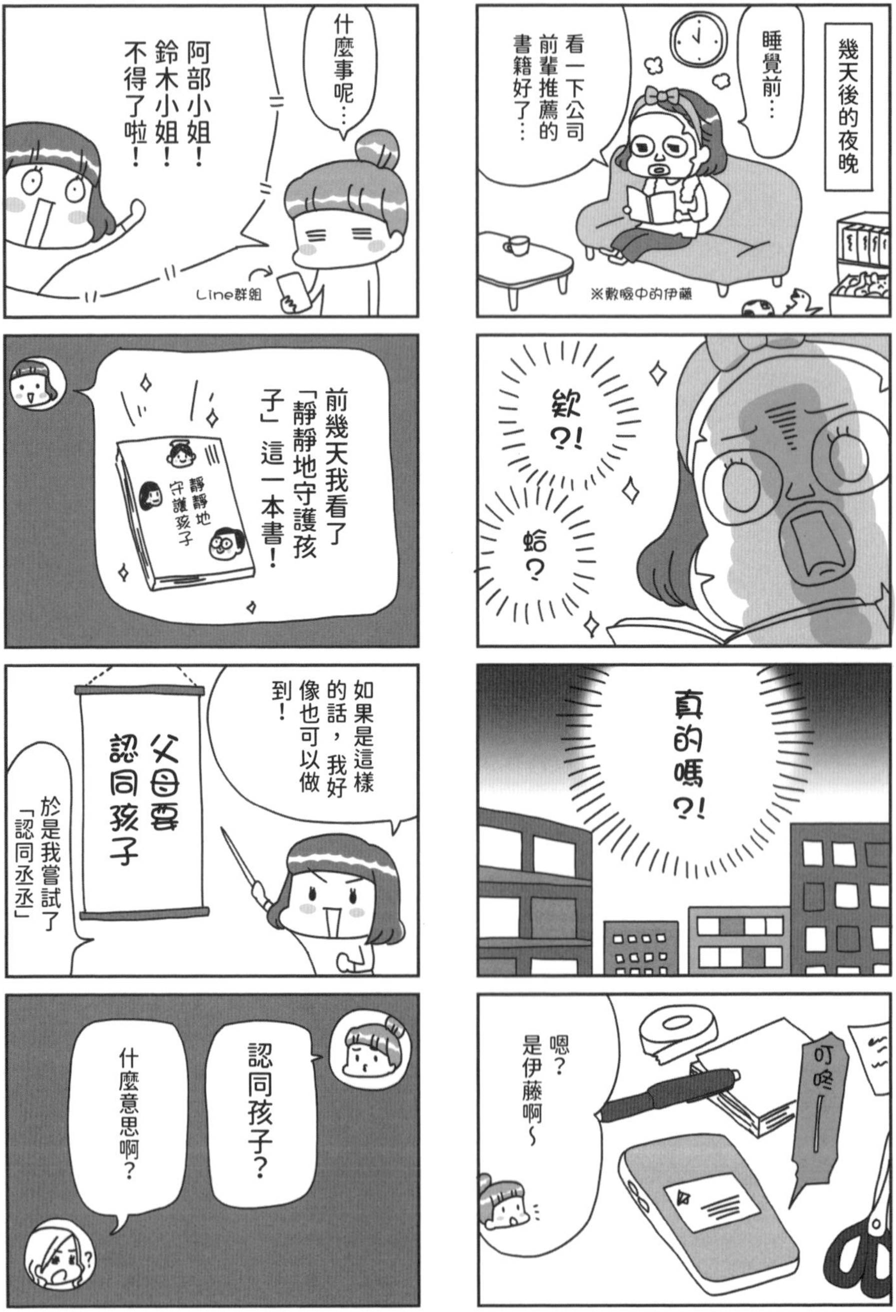

幾天後的夜晚
睡覺前⋯
看一下公司前輩推薦的書籍好了⋯
※敷臉中的伊藤
欸？！
蛤？
真的嗎？！
可咚—
嗯？是伊藤啊～
Line群組
什麼事呢⋯
阿部小姐！鈴木小姐！不得了啦！
前幾天我看了「靜靜地守護孩子」這一本書！
靜靜地守護孩子
如果是這樣的話，我好像也可以做到！
父母要認同孩子
於是我嘗試了「認同丞丞」
認同孩子？
什麼意思啊？

這是昨天的事了……
我不要！
便利商店
我要吃點心！
人家想吃點心～
為什麼每天都會變成這樣呢……
點心專櫃
媽咪～我要吃點心～
真辛苦啊～
如果是平常的話，
別吵！
我不會買的！要走了！
我應該會發很大的脾氣……
首先～試著認同孩子看看……
握拳！
你想吃點心吧……
嗯～嗯～
買這個給我！
今天你也很努力了，肚子餓了吧？
對
我想吃軟糖
原來如此，想吃軟糖啊～
軟糖也是你的最愛吧～
對！

以這樣的感覺，傾聽小孩子
「想吃軟糖」和「肚子餓了」的心聲…
嗯？變安靜了？
愣
心情竟然平復下來了
而且沒有買點心，就離開了超市！
認同孩子!!
真的好厲害！
當晚
嗯…
因變化太大而感到不知所措
今天應該是矇到的吧…
不對不對…
效果太好了吧
隔天
我要去公園！
不行！媽媽要煮晚餐了！
啊！不要！我要去公園！
火大！
火大！
火大！
如果是平時的話，就會變成這樣…

看過那本書之後……
我要去公園！
蛤？
呃…要認同才行
突然──
丞丞說想去公園對吧！
對！
快點！一起去玩！
沒錯！你最喜歡那邊的公園對吧！
對！
那下次放假爸爸媽媽帶丞丞去公園玩吧！
約好了哦？
嗯！
那麼！
回家吧！
像這樣…感覺丞丞突然改變了許多……
這是什麼魔法?!
哇
哇
我也嚇了一跳！
想不想聽聽作者更詳細的說明呢？

想！我要聽！
我也是！
於是我們前往拜訪的是…
親子面談超過六千次以上的教育專家——
小川大介老師
老師！請幫幫我們！
每天每天都在動怒！
點頭
笑
笑
我也知道責罵對孩子不好啊…
心好累啊！
嗯嗯
嗯嗯
氣到要揍人了！
嗯
各位都沒問題的
嗯
因爲…
斥責和稱讚其實是同樣的東西
不是吧?!
你覺得你會生氣而斥責的原因爲何呢？
嗯…因爲感到焦躁不安？
已經警告過好多次了，但仍聽不進去的時候？
和妹妹或朋友們吵架的時候？

會這樣想是爲什麼呢？
咦？希望小孩能成爲守規矩的人？
不希望他們受傷…
希望他們能和朋友建立良好關係
是否都是因爲愛小孩呢？
沒錯！
燦笑
其實追根究底，都是同樣的心情
讚美
斥責
重視孩子
給予稱讚時…
你表現得很棒！
我最在意的就是你啊！
皮在癢嗎？
和斥責時的初衷都一樣
蛤？一樣的？我都不知道耶！
沒錯，就是這樣

最重要的是知識
欸？養小孩最重要的不是愛嗎？
哈哈哈
不論用再多的愛…
如果不知道泡牛奶、換尿布的方法，
哇愛里～
哇…
小孩子根本活不下去
而且沒有知識的話，就很容易感到不安
我是如此愛你…
為何你還一直哭？
哇—
哇—
舉個更貼切的例子，例如蛀牙…
現在的媽媽們都知道，蛀牙容易從家人這裡感染的吧？
但卻常常會因此和沒有相關知識的阿公／阿嬤吵架
全員皆經歷過
知道與不知道
僅僅因爲這樣，結果就會完全不同！
不安
知識

怎麼了嗎？
責罵和稱讚是相同的嗎？
嗯……

小川老師的
「生氣也可以哦」
特輯④

「害怕什麼？」「討厭什麼？」「無法原諒什麼？」

媽媽們動怒的理由，皆是源自「很愛小孩！」、「不想讓孩子們失敗！」這種對小孩強烈的愛。在此教你更為具體和了解自己為何會動怒的方法吧。**那就是把氣到不行的自己的樣子，以影片重播的方式在腦中再次播放！**

由於在腦中重現罵小孩、動怒的模式是很困難的，（如果可以做到的話，也不會如此生氣！）所以生完氣後也依然和平時一樣自責：「我又搞砸了～」但更重要的是在此之後的情緒處理。

稍稍冷靜過後，在腦中回想並看著生氣的主角（自己）「哇～這個人超生氣的」，並思考著「這個人為何會如此生氣」。而此時的訣竅是向主角（自己）詢問在「害怕什麼？」「討厭什麼？」「無法原諒什麼？」

如果詢問「為何生氣」的話，有點像逼問的口氣，不管是誰聽了心情都會不好，但如果是問「害怕什麼？」反而出乎意料容易讓人接受。「嗯～擔心在自己不注意的時候，小孩亂跑出去的話，可能會受傷，所以很害怕」等等，讓人放下心防，把原因說出來，也許就能察覺到「這就是為了孩子好的個人價值觀」。

人的價值觀，簡單來說是「先入為主」的觀念！如果你認同的話，就會思考：「雖然是我的小孩，但每個人的個性都有所不同！」而應該把憤怒的拳頭放下，否則只會淪為高掛「應該這樣做」的假正義口號，然後用非常危險的方式發怒，反而讓親子雙方都留下不好的回憶。

是不是僅僅是獲得一項知識，就可以讓育兒變得輕鬆一點呢？

5話 會動怒是媽媽們發出的求救訊號！

老師！
明明是最重要的寶貝，但爲何仍會忍不住對他們生氣呢？
生氣過後，心情馬上就會變差…
會討厭自己
說到生氣的時候，會發生什麼事…
喂!!
這樣很危險的！(我不希望你受傷)
被碎片割傷的話怎麼辦！(我不想讓你受傷)
搞不好會變成嚴重傷害
正因爲是最愛的心肝寶貝，所以如果有任何可能受傷的時候，
就會用「訓斥」的方式。
的確…追根究底就是因爲「孩子是我的一切」
老師！
明明是最愛的心肝寶貝，卻常常止不住怒火，這是爲什麼？
舉手！

常因為一些小事就大動肝火
或是大聲斥責…
也不清楚原因為何，就是覺得焦躁不安
有如洪水潰堤般生氣爆怒…
那就是…媽媽們的
SOS求救訊號
SOS？
我們人類也是動物的一種，動物們在什麼情況下會發出求救訊號？
生命面臨危急之際？
啾 啾 啾 啾 啾 啾 啾 啾 啾
喵ー
!!
沒錯！
媽媽們就會做出後悔動怒
「忍耐極限」
的求救訊號
小安！！！
呃…
!!
現在的媽媽們本來就十分忙碌
帶小孩
工作
家事
工作拼盡全力
帶小孩盡心盡力
家事也要求完美

媽媽們總是一個人…
保持著全力衝刺的狀態
媽媽
想休息
想睡覺
心好累
明明每天都這麼累…
媽媽
發生狀況時…
哎—
嫌我還不夠累嗎…
快到極限了！救命啊！
大家可以一直跑下去不間斷嗎？
不可能！
搖頭
No
不
絕對不能勉強自己！
只要知道這點
當無法控制情緒的時候…
啊！我…現在正處於快爆發階段！
就會注意到這一點

只要自己可以察覺
就可以選擇暫時逃避！
欸？可以這樣嗎？
砰！
不對不對，老師！爲人父母怎麼可以選擇逃避…
不可能的啦！
你覺得命在旦夕，且超過壓力極限的動物，會怎麼做呢？
動物一定會使出全力從危險中逃跑吧？
如果不逃
而留在那裡的話
抖
抖
就完了
啾啾啾啾啾啾啾啾啾啾
但是要怎麼逃啊…
這個嘛…
呃…

我家…老公真的都很晚歸～
不管是白天或晚上，我都一個人孤軍奮戰
照料小孩也只有我自己…
所以我一直認爲絕對不能逃避
在1間小公寓的小小世界裡
一個人努力著…
吼！
快吃飯啦～
媽咪，我討厭這個！
我想吃不一樣的～
總覺得再怎麼努力也不會獲得回報…
如果不吃的話，媽咪以後再也不煮飯了！
媽咪自己也還沒吃飯！
已經很累了，還煮飯給你們吃！
我不管你們了！
碰
媽咪！
媽咪！
接近臨界點並逃離的時候…

媽咪！
媽咪！
連1歲的小孩都罵…
完全不想面對…
我…
沒資格當媽媽…
我總是不斷逃避，也不斷的苛責自己…
做了這種事，我自己也嚇了一跳…
嗚
嗚
你竟然做到了！鈴木小姐，你眞的很棒耶！
其實啊…
我老婆感到心累的時候，也會躲進廁所呢！
砰
W.C
如果有像老師這樣能體諒的老公，也許逃避也是不錯的選擇…
我家的話，只要我逃跑…
你在幹什麼啊！
把小孩丟在一旁，這是什麼樣的母親啊!?
哇~哇~
哇~哇~
咚
咚
就像這樣…然後被狠狠罵了一頓
結果反而越來越責怪自己…

沒錯，這裡最重要的是
發光一
爸爸的知識
欸？爸爸也需要知識？
例如…
不知道SOS求救訊號的爸爸
碎唸
生氣
啊～又開始發飆了…
真是夠了
也不需要那麼生氣吧…
唉～
唉～
一定會這麼想吧
知道SOS求救訊號的爸爸
生氣
碎唸
嗯嗯嗯
老婆已經到臨界點了！
給她倒茶嗎？
要趕快讓她休息才行！
還是按摩？
吃好吃的冰淇淋？
就會這麼想…
但是…我自己即使到了臨界點
也無法讓老公了解
扭捏
扭捏
老公…我真的好累喔…
唉～我也因爲工作太忙，超～累的
就像這種感覺，完全聽不進我說的話

有沒有需要幫忙的事？
趕快察覺到，然後來幫我啊！
怒火中燒
每天都是這樣，該如何是好…
女性們只是希望你們能夠讓她們感受到愛和關心
但可悲的是…男性同胞是察覺不到這個的生物啊…
怎麼會…
我該怎麼辦是好…
鈴木小姐！我們來幫男性同胞建立功勞吧！
重點不在於…
今天可以幫我接小孩嗎？
我需要你幫忙…
可以幫我接小孩嗎？
SOS
而是像這樣尋求幫助
像這樣可見的助力
閃亮
我啊…現在終於可以幫上忙了
閃閃發光
爸爸
就會變得很開心
對於幫忙的爸爸…
老公！真的非常謝謝你！
棒棒
好耶！
要像這樣，向他表示感謝的心意哦！
對於拼命過頭的媽咪們，首先要學會開口求助！
請幫幫我！
我會在需要幫忙的時候，試著說出口！

小川老師的
「生氣也可以哦」
特輯⑤

媽咪的「求救訊號」，讓家庭氣氛更美好

現今養育小孩的方式，仍受到過去曾經歷過高度經濟成長期、「全職家庭主婦」時代的雙親影響。媽咪們尚未習慣社會變化的同時，仍拼命想要做到「和自己的母親一樣」、「像專業的家庭主婦」。另一方面爸爸也被「男人就是要賺錢養家」，這種固有觀念所禁錮住。

對於現在的家庭來說，最必要的是解開束縛著爸爸們的傳統觀念！而最快的方法正是媽咪們的「SOS求救訊號」。

女性們不論多小的事情，只要對方「能注意到並關心一下」，就能感受到愛。而男性們則是會因「可見的助力」，而感覺到自己的重要性。但如果以對待小孩的方式去叫爸爸幫忙，反而會讓男性們感覺自己像可有可無的存在，進而會拒絕、無視或是隨便應付你。

對於「明天可不可以代替我去接小孩呢？」的請求，爸爸們冷冷回覆「蛤？為何？我傍晚還有會議耶」，如果媽媽們以「可以幫我個忙嗎？明天可不可以代替我去接小孩呢？」的方式去拜託，對於想要建功的爸爸而言，一定會想盡辦法幫助你。如果像這樣能讓爸爸感受到被需要和功勞感，媽咪肩上的負擔就可以減輕。

另一方面，或許有不少媽咪們會想「我可以說得出『請幫幫我』嗎？」也是因為受到傳統社會要求女性刻苦耐勞的社會風氣影響。

我個人也和企業的人材培育研修單位合作。首先，我會不分男女，讓學員們練習說出「請幫幫我」。理由只有一個，無法說出「請幫幫我」或「請告訴我」的成員，會讓整個團隊合作不順利。剛開始大家完全無法開口，但一旦做到後，團隊運作就變得很流暢。

家庭也是相同道理。「說了也沒用」、「我家老公不可能啦」、「如果我不在的話，家裡就天下大亂了」等等，會如此自我下定論，都是「為了變幸福的個人價值觀」，也就是媽咪們一廂情願的想法。實際上，不論對家事多不擅長的男性，只要在家中能感受到「我也能幫上忙」的話，也會逐漸習慣做家事的。也許你會覺得…哪有這麼簡單的事，但男性其實是十分單純的（這點我可以保證！）正因為女性們煩惱著「該如何對老公說，才能讓他理解呢…」才會讓夫妻之間的關係變得很緊張。

說出「可以幫我嗎？」的好處，就是你也能說出「謝謝你」。如果你想讓家中成員增加互相表達感謝的話語，那麼嘗試請求幫助就是很值得去做的事。

「可以幫我嗎？」的同義詞
「我已分身乏術了」、「明天可能會忙不過來」、「如果你可以聽我說一下，我會很開心…」

無法說出口的媽咪們的特徵：
★不論怎麼抱怨，最後總是會告訴自己「如果我不加油點，這個家庭就無法運作下去了」（有自己的原則）
★「因爲老公也很忙，我自己來還比較快」（被自己的原則束縛）
★書架上陳列著育兒書籍（不知該向誰請求幫忙，而感到不安）
★非常在意家中是否有打掃乾淨
★十分在意其他媽咪們的做法，希望自己也能像她們一樣。（因爲看到別人將自己不擅長的事情做得很好）…也就是說，開不了口的就是每天都非常努力不懈的媽咪們！

第3章

只想要摒除所有會生氣的因素

解決方法 1

6話 要如何跨越「3歲小惡魔」的階段呢？
～不要不要叛逆期篇～

次子小安…
呼ー 呼ー
原本是一個很安靜的寶寶…
正想著他未來一定會…
長大成一個很穩重的男孩子的～♡
3歲的現在
不要 不要 不要 不要 不要 不要
沒能如想像般成長…(泣)
在地上滾來滾去
啪 啪 啪 啪 啪 啪 啪
總是一直在鬧脾氣
在安靜的地方
小兒科
吼！
好無聊耶！
噓！
也是大聲說話
喂!!
吼唷!!安靜點啦!!
啊？什麼
不要不要不要～
ㄌㄩせ—!!
吼～～～～～～
這個叛逆期要到何時才會結束啊…
已經受不了了

每天大概就是這種感覺，感到很累和無力…
嗯…原來如此，小安啊…
哈哈哈
正在宣示「我就在這裡！」哦
啥？
不懂
不要不要叛逆期…
正是開始意識到他人的存在
在這時期就是…
自我意識
的宣示
「不要」
等於
「我是小安!!」
不要不要不要!!
我就在這!!
這個意思
如果是這樣的話，有必要在地上滾來滾去、大吵大鬧的嗎？

長子小奇在不要不要叛逆期時…
不要
不要
↑小聲
也不會大聲喧嘩或在地上滾來滾去啊!!
主張自我的差異性，在於孩子個人的活力差異
舉——高
能量滿點
活力小
平淡
這樣的小孩，
活力多到超過身體這容器而滿出來…
因爲無法妥善控制力道
零食區
所以才會動來動去~
阿部小姐通常在那時候會怎麼做呢？
ㄟ?!
買點心給我！
今天不行!!
不要!!
吼!!如果不聽話
我就把你丟在這裡囉！
不要不要不要不要
嗚嗚嗚，不要不要!!
煩躁
火大
趕快跟上來啦!!

大概是這樣…
也是，大部份的確是這種反應
我了解「不要!!」是主張自我的方式
那我該怎麼做才好呢？
知識
如果小孩子所做的事已經違反規定，
並可能會遇到危險
在馬路中間打滾
請告訴他這裡很危險，並且先移動到安全的地方
教導
不要不要
好啦好啦，我們先去旁邊
之後再一邊回覆「是啊，的確沒錯」並一邊聽他說話…
那個，這個
嗯嗯
是啊
只要願意聽他說話，小孩子就會冷靜下來
茫——
老師…小安偶爾也會有不聽人說話的抓狂狀況…
哇——!!
那個時候就緊緊抱住他吧！
抱緊～

而且，最重要的是…
眼神發光
稍微稱讚他一下!!
欸?!
要稱讚什麼…?
稱讚
對於「理所當然應該做的事」給予肯定!!
自己看書
穿衣服
把飯吃光光
自己上廁所
就連那麼小的事，都必須誇獎啊…
請好好的稱讚他
麻煩
口吐白沫
不要只注意無法做到的地方
NG
還沒做完嗎!!
而是他要稱讚他做到了哪些事
GOOD
做完了?! 好棒哦!!
只要稱讚他會做的事
就會讓小孩覺得
媽咪有一直在注意我
爲了能獲得認可，小孩會知道，即便我不使出「不要不要」也沒關係
我在這裡哦
不必大聲說話也可以
嗯…就當作被我騙了，去試試看吧!
笑
好的…

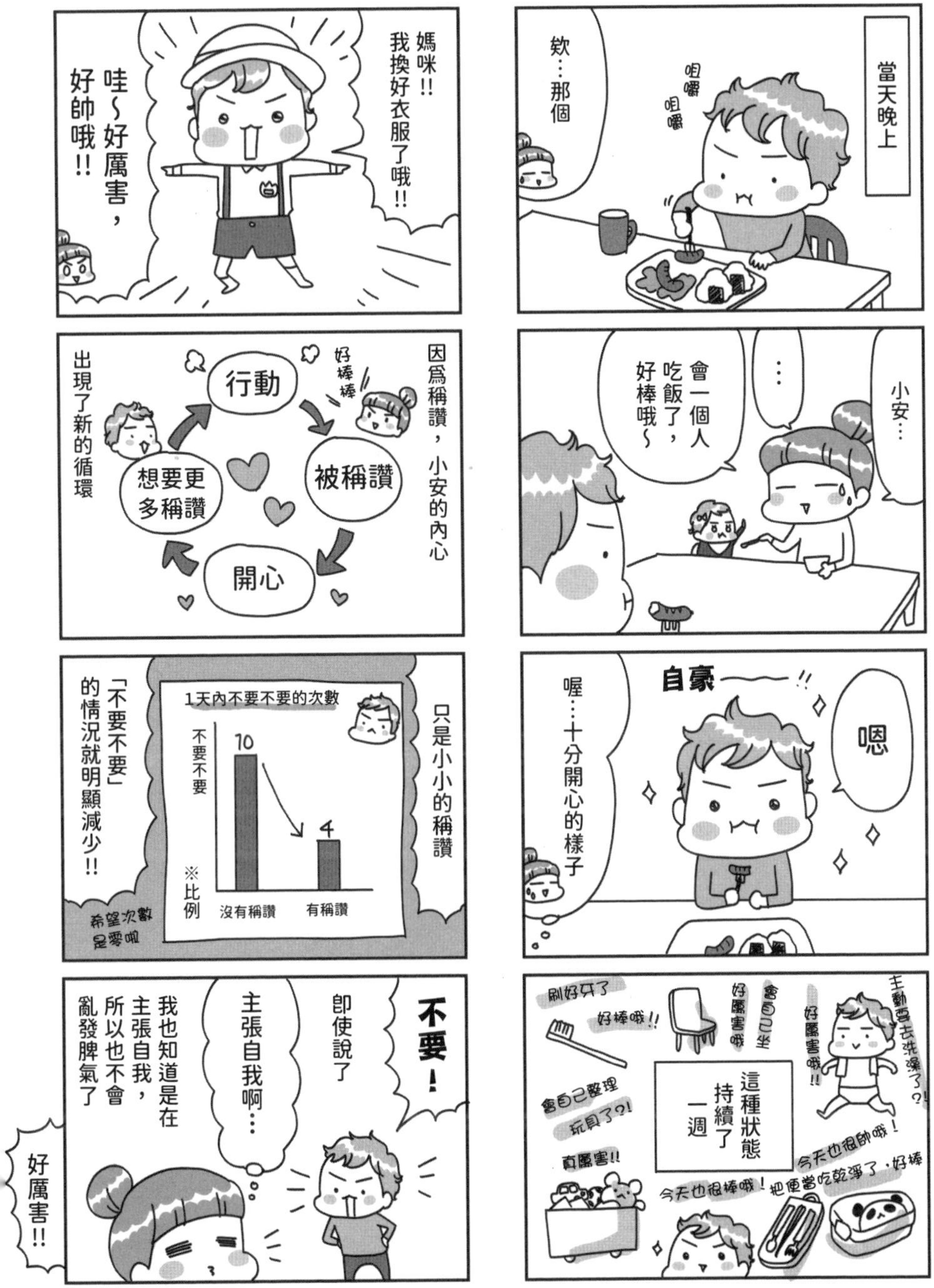
當天晚上
咀嚼咀嚼
欸…那個
小安…
…
會一個人吃飯了，好棒哦～
嗯
自豪——!!
喔…十分開心的樣子
刷好牙了
好棒哦!!
會自己坐
好厲害哦
主動要去洗澡了?!
好厲害哦!!
這種狀態持續了一週
會自己整理玩具了?!
真厲害!!
今天也很帥哦！
今天也很棒哦！
把便當吃乾淨了，好棒
媽咪!!我換好衣服了哦!!
哇～好厲害，好帥哦!!
因爲稱讚，小安的內心
出現了新的循環
好棒棒
行動
被稱讚
開心
想要更多稱讚
只是小小的稱讚
「不要不要」的情況就明顯減少!!
1天內不要不要的次數
不要不要
10
4
沒有稱讚
有稱讚
※比例
希望次數是零啦
不要！
即使說了
主張自我啊…
我也知道是在主張自我，所以也不會亂發脾氣了
好厲害!!

小川老師的
「生氣也可以哦」
特輯⑥

「不要不要」叛逆期，就用「稱讚」來解決！

小孩子的「不要不要」就是宣示自我的意思。只要理解這點就能在判斷他們的行為是對或錯之前，瞭解為什麼他們會有這樣的反應了。情況允許之下，不管他們以什麼形式來宣示自我，大部分的狀況都能以「傾聽小孩子說話」並「給予認同」來完美收場。

不要不要叛逆期①「故意」：譬如小孩子吃東西吃得到處都是的時候，則是隱含著「照媽咪說的來做，總覺得很無聊，所以不要」的自我主張，這時可以試著和孩子說「我覺得你可以做得更好哦」，即便你已經知道他可以做到。然後不論是在當下或是之後的日子裡，當他可以正常吃飯，不會弄得到處都是的時候，也不要忘了馬上稱讚說「好棒哦」、「做得很好」。

不要不要叛逆期②「耍任性」：譬如在路上滾來滾去嚎啕大哭的時候，首先要判斷是否會給他人造成不便或是有無危險性，並尋找一個適當的位置，快速移動到安全的地方。如果是隱含著「雖然我知道媽咪不會買給我，但我就是想要！」這種主張，只要父母可以理解「孩子的渴望並接受」就足夠了。也可以變向思考，「這麼有活力，將來一定可以長得健健康康的」。當小孩冷靜下來後，也可以稱讚小孩「喔，不哭了嗎？這不是很棒嗎」。

不要不要叛逆期③「危險行為」：例如雖然警告過好幾次，但仍會碰觸尖銳物品的時候，這是特殊情形，必須告訴小孩這會造成嚴重傷害並可能危及生命，所以不應該宣示自我。只要能確實傳達媽媽生氣的理由：「假如你受傷的話，媽咪會傷心的！所以真的不要這樣做！」小孩子的動作就會停止。同時也要適時的給予正向回應「你能理解媽咪的心情嗎？謝謝你。寶貝好乖啊！」

即使不要不要叛逆期結束了，後面還有更棘手的青春期在等著你。各位家長們不妨也趁著這個機會，開始養成平日觀察寶貝們會做、不會做、想做及不安的事情的習慣吧！

7話 斥責小孩之後，感到自責和心累…~任性篇~

那位媽媽一定也是…
爲了趕上小孩補習的時間，從一大早就開始工作
一邊想著晚餐菜色
急急忙忙地離開公司去接小孩…
趕~
但是小孩…
啊~不要不要，我要回家!!
卻無法體諒自己的辛勞
無奈
像這樣…我十分能體會那位媽媽的心情!!
嗚~~
要不要來點仙貝？
我家寶貝也常說想去公園…
我想玩!!
晚餐
煩躁
工作沒有做完
家中亂七八糟
還沒洗衣服
買東西
怒氣
媽咪想早點回家
因爲我還要煮飯!!
欸~~不要!!

不要!!我就是要玩!!
我還不想回去!!
快跑
吱~~~~!
啊!!
喂，這樣很危險的!!
真是的
啊~對不起
在那之後大哭超過30分鐘以上……
當然我也動怒了……
當媽媽，真的太辛苦了，也很沒面子……
呆滯……
我家小孩小的時候，我也會煩惱過……
所以我很能體會那種感覺
明明就快到上班時間
我不想去上學!!
明明已經排好計畫……
我不去
常常會有很多意見
這種狀況時
應該怎麼辦才好，我們一起來想想吧

如果是伊藤小姐遇到那對母子的情況時…
首先把腳踏車停在安全的地方
停—
好!!你在想什麼!!
和媽咪說說吧!!
此時的重點是表現出「想聽你說話」的樣子
欸?這樣的話，上課不是要遲到了?
遲到10分鐘和
為了趕上上課，而不惜出手打小孩…
那一個才是為了孩子好?
遲到…
10分…
即使上課稍稍遲到，對往後人生也不會有影響
游泳課晚到10分鐘…
人生就結束了
絕對不會有這樣的事!!
再說，只爲了短短的10分鐘…
被媽咪打了
難道…我是壞小孩?
對於被打的小孩，會有什麼樣的影響?
變得無精打采
刺痛刺痛
即使長大成人，也會留下痛苦的記憶

即使你對小孩說「我會聽你說話」，但小孩也會有好幾種回覆模式
沒事啦…
撇頭
如果反應是這樣的話
欸？沒事嗎？真的嗎？那等等路上再聽你說哦
游泳課結束之後，再和你聊聊可以吧!!
嗯…
其實…
像這樣逐漸打開小孩的心房
相反的…
我跟你說!!
今天啊…
對於一旦開始說話，就停不下來的小孩子
因爲很容易情緒高漲，所以在傾聽的時候，要多一些肢體接觸!!
嗯嗯
因為和同學吵架了，所以不想去上游泳課
什麼，原來是這樣啊!!
啊哈哈
軟嫩
軟嫩
如果能得到微笑回應就沒問題了!!
那麼，先出發吧？
嗯
像這樣把注意力轉移後，就沒有問題了
「算了，沒關係吧」果斷地遲到10分鐘
僅僅是這樣，媽咪和孩子的心情就能變得完全不同

最不應該做的是，因怒火中燒而不斷責罵及追問…
真是的，像你這種小孩哦!!
這就像是
虐待
的感覺了
媽咪無法止住怒火的情形
啊，是SOS求救訊號!!
沒錯!!如果能知道自己已接近極限的話，也許就可以馬上轉換心情
啊!!剛剛說的話
指的就是丞丞差點就要和腳踏車撞上的時候!
咔滋
咔滋
和性命有關的危急時候
抱住
吱~~~~!
就把小孩抱住來阻止他吧
即便大聲呼喊，小孩也只會暫時停下
丞丞!
停住
嚇一跳
然後反射性地跑向媽媽
往媽咪的方向去
有時反而會造成危險，請務必注意
啊，老師!!我已經到了要接小孩的時間了
媽咪們總是被時間追趕!
但偶爾也試著停下腳步吧!

小川老師的
「生氣也可以哦」
特輯⑦

暴怒後，就算是0歲嬰兒也該誠心道歉

首先，為人父母最好先具備一些基礎知識。要求孩子每日按表操課，對他們而言是十分困難的。另外，孩子的成長並非一直是向前邁進的模式。明明說了「我可以！」但後來又哭著說「我做不到啦」，這種狀況屢見不鮮。如果把這些當成是他們在耍任性，對於小孩或是父母親來說都很痛苦。

有許多家長們都會擔心，過去從來沒有勃然大怒，會不會因此造成小孩的心理創傷。與其思考「到底應該怎樣生氣，才不會讓他們產生陰影」，倒不如**在發現自己氣過頭的時候，誠實地向他們道歉，即便只是零歲的嬰兒。**

現在的父母親都很清楚對小孩發怒是不對的。因此要對他們說：「對不起，嚇到你了。我不是討厭你，我不應該用這種方式對你發脾氣，真的對不起。」

請注視著孩子的眼睛，並且如上述般誠實地道歉。

重點在於，不要期待會獲得原諒。他們會看穿你別有用心，並覺得「媽咪其實並不在乎我，只在乎自己。」淨空思緒、真誠道歉，一定可以被諒解的。也許你會鼻酸，但那一定是因為感到心安。如果能獲得原諒，也就不會造成小孩的陰影。

也因為孩子們受到的創傷程度不同，有時候可能會無法馬上理解原諒、也常常不知該如何是好。如果是這樣，擇日再道歉一次也可以。爸媽們真誠的心意一定可以傳達給他們的。

最後，要告訴各位家長，最不可取的道歉方式是：「對不起，是媽媽的錯，但你也有錯哦！」這是最傷害孩子內心的表達方式。

8話 絕對不能撒謊！～說謊篇～

某天早上
那個～
姊姊，功課有寫吧？
蛤
寫…
寫完了…
騙人…是完全沒寫吧…
就像這樣…
孩子們…
開始撒謊
於是，在那之後就是…
罵個不停…
原來如此
小時候
撒謊是成為小偷的開始
就不斷被長輩告誡…
不可以撒謊!!
謊言被拆穿囉!!
趕快給我去刷牙!!
我不希望你們成爲會說謊的大人!!

嗯…
一旦開始撒謊…就擔心長大後會不會變壞…
就算說謊
也不會變成小偷的！
會說謊其實是
「心智」開始成長的證據!!
欸?!是這樣的嗎?!
由雙親的角度來看，即使是馬上會被拆穿的謊言
巧克力？
我可沒有吃哦!!
如果坦承我吃了巧克力，一定會被罵的…
孩子會撒謊，一定是有什麼原因的
雖然會對孩子說「不可以撒謊哦」…
但大人們又是怎樣呢？
蛤
啊，需要幫忙什麼嗎？

幫忙什麼，他是隨口問問吧!!
懷疑ッ
欸…沒關係
謊話
啊〜〜〜
是今天啊!!糟了!!
欸
沒辦法了
啊〜
還差一點就能完成的
不好意思！電腦壞了!!
謊話
鈴木小姐，可以請你擔任明年的PTA(家長代表)嗎？
咦
因爲婆婆生病，要去醫院和婆家幫忙…
謊話→
明明婆婆還很健康，真是抱歉了!!
大家心中是否已有頭緒了？
是的
愣——
不能過份斥責孩子說謊
啊…可以不說謊…
率直的活著是多麼幸福的事啊…
你們是這麼想的吧？
的確是…

那麼，孩子們說謊的時候，除了發怒以外，還可以怎麼做呢？
?
?
?
?
孩子們的謊言
可以分爲2種
玩笑的謊言
真的謊言
如果是開玩笑的謊言，不需動怒，只要笑笑即可
玩笑的謊言
例如…
啊!!媽咪的後面有妖怪!!
欸?!
眞的嗎?!
騙你的啦
什麼啊，了我一跳!!嚇
嘿嘿嘿
我被騙了啊
這樣就可以了
但即便是玩笑的謊話
今天和同學吵架，後來我打了他一頓
呵呵
蛤?!他受傷了嗎?!怎麼辦!!
造成他人困擾的話就不行
要打電話給學校嗎?
不去道歉的話~
啊…
開玩笑的啦
千萬不能開這種玩笑嚇人!
那麼眞的謊言又該怎麼辦呢?
好的

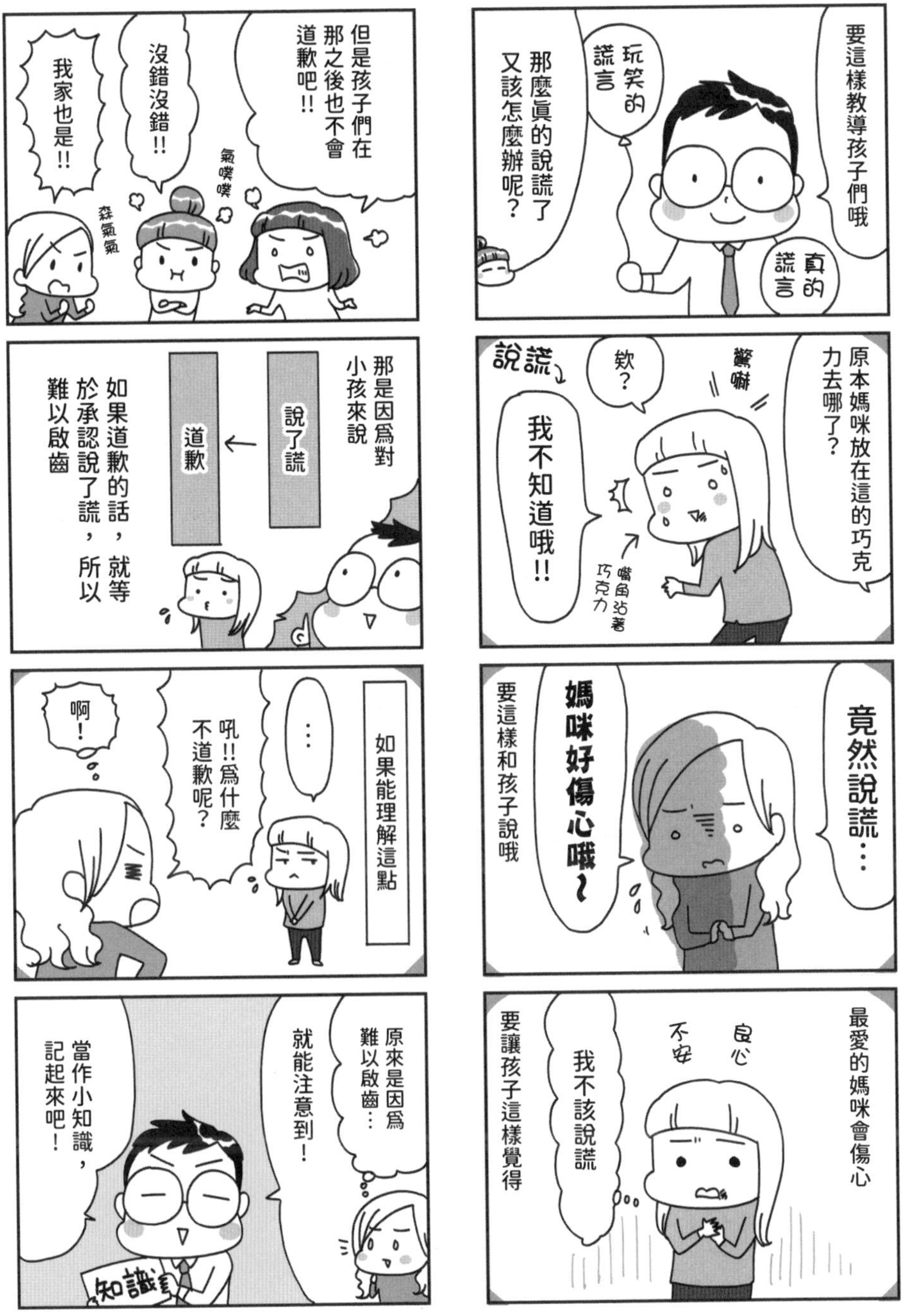

要這樣教導孩子們哦
真的謊言
玩笑的謊言
那麼真的說謊了又該怎麼辦呢？
原本媽咪放在這的巧克力去哪了？
驚嚇
欸？
說謊
我不知道哦!!
嘴角沾著巧克力
竟然說謊…
媽咪好傷心哦~
要這樣和孩子說哦
最愛的媽咪會傷心
良心不安
我不該說謊
要讓孩子這樣覺得
但是孩子們在那之後也不會道歉吧!!
氣噗噗
沒錯沒錯!!
森氣氣
我家也是!!
那是因爲對小孩來說
說了謊
道歉
如果道歉的話，就等於承認說了謊，所以難以啟齒
如果能理解這點
…
吼!!爲什麼不道歉呢？
啊！
原來是因爲難以啟齒…
就能注意到！
當作小知識，記起來吧！
知識

小川老師的「生氣也可以哦」特輯⑧

其實是對說謊的自己生氣！

媽媽們會生氣，是基於希望孩子們能幸福、平安長大的強烈母愛意識。先前也說過了（參考P33），大致可分為：「為了變幸福的個人價值觀、想法」，當現實發生和此有所牴觸時，而冒出的憤怒；以及「媽咪們的不安」為引爆點所引起的憤怒。而孩子們的謊言，則是屬於前者的典型模式。

一旦從孩子們的舉動中，看到自己討厭的和一直想要修正的行為，就會馬上生氣，那是因為隱藏在背後的「自責感」。說出「你為什麼要說謊？」時，想要責罵的對象並不是孩子，而是「也會說謊的自己」。

當你被自己搞到氣急敗壞時，內心就會找不到平衡點，只會更加憤怒。另外，大聲怒罵及使用強烈的用語，只是想讓自己相信所說的話是對的，但無法解決問題。

如果是反射性地動怒，請試著提醒自己：「我生氣並不是因為這孩子，而是對我自己感到失望」。僅需如此，就很容易冷靜下來。之後只需在腦中重播劇情就可以了（參考P45），接著請試著與自我內心對話，「你在害怕什麼？」、「在討厭什麼？」、「無法原諒什麼？」應該可以聽到某種聲音，像是「老是說謊的話，可能會變成沒有朋友的小孩」這類感到「不安」的想法，以及「說謊是成為小偷的開始」、「說謊會被大家討厭」的「個人價值觀」。

若是沒人可以分擔這樣的情緒，「不安」就會逐漸累積，而「個人價值觀」只是一廂情願的想法。試著和老公或媽媽圈朋友分享心情，也許會聽到「不會啦，每個小朋友的個性不同」、「沒關係啦，聽說會說謊代表智商很高耶」的答案，也許就能慢慢釋懷了。

同學的媽媽開飛碟耶！
這……這麼厲害啊……

第4章

斬斷憤怒的連鎖效應

解決方法2

9話 上小學之後的同儕問題～9歲的難題篇～

長子小奇小的時候，是個很愛在晚上暴哭的孩子…
搖哇
搖哇
嬰兒時期真的很難帶
從托兒所到幼稚園
就像這樣，是個很害羞的孩子
長大後，擅長口風琴
參加的樂隊在運動會上表演
逐漸開始有自信
也會幫忙老師
小奇真的很可靠啊!!
表現得非常棒！
完全是一位模範生
洋溢著自信的帥氣臉龐
看著幼稚園畢業時的小奇，我不由得想…
上小學後一定也沒問題的!!
但是…
ㄗ— ㄗ—
○○國小
4年後…
我開始很害怕接到學校打來的電話…
ㄗ—

您好～我是小奇的班導
緊張
緊張
平時承蒙您照顧了
不安
那個～
今天小奇和班上的同學打架了…
是的
嗯—
雖然暫時和好了…
是的
直到快放學，仍然一臉很生氣的樣子…
是的
是—
回家後也請您和他談談吧
好的
好的，謝謝您的通知
老師辛苦了
嗶
○○國小
小奇你這小子!!
怎麼又和同學打架了!!
我回來了～
開門
啊～累死我了!!
有點心嗎？
火冒三丈

小奇！
你沒有話要和媽咪說嗎?!
怒氣沖天
火冒三丈
嗯…
驚嚇
剛剛老師有打電話來了…
爆發邊緣
我已經警告過你好幾次了!!
為何又和同學打架了！
……
又不是…
我先動手的…
捏大腿
先出手的是他啊！
但爲何是我被當成壞人!!
還用說嗎!!
雖然錯的可能是對方，但你不是和我約好不還手的嗎？
隨便啦!!
算了!!
喂!!

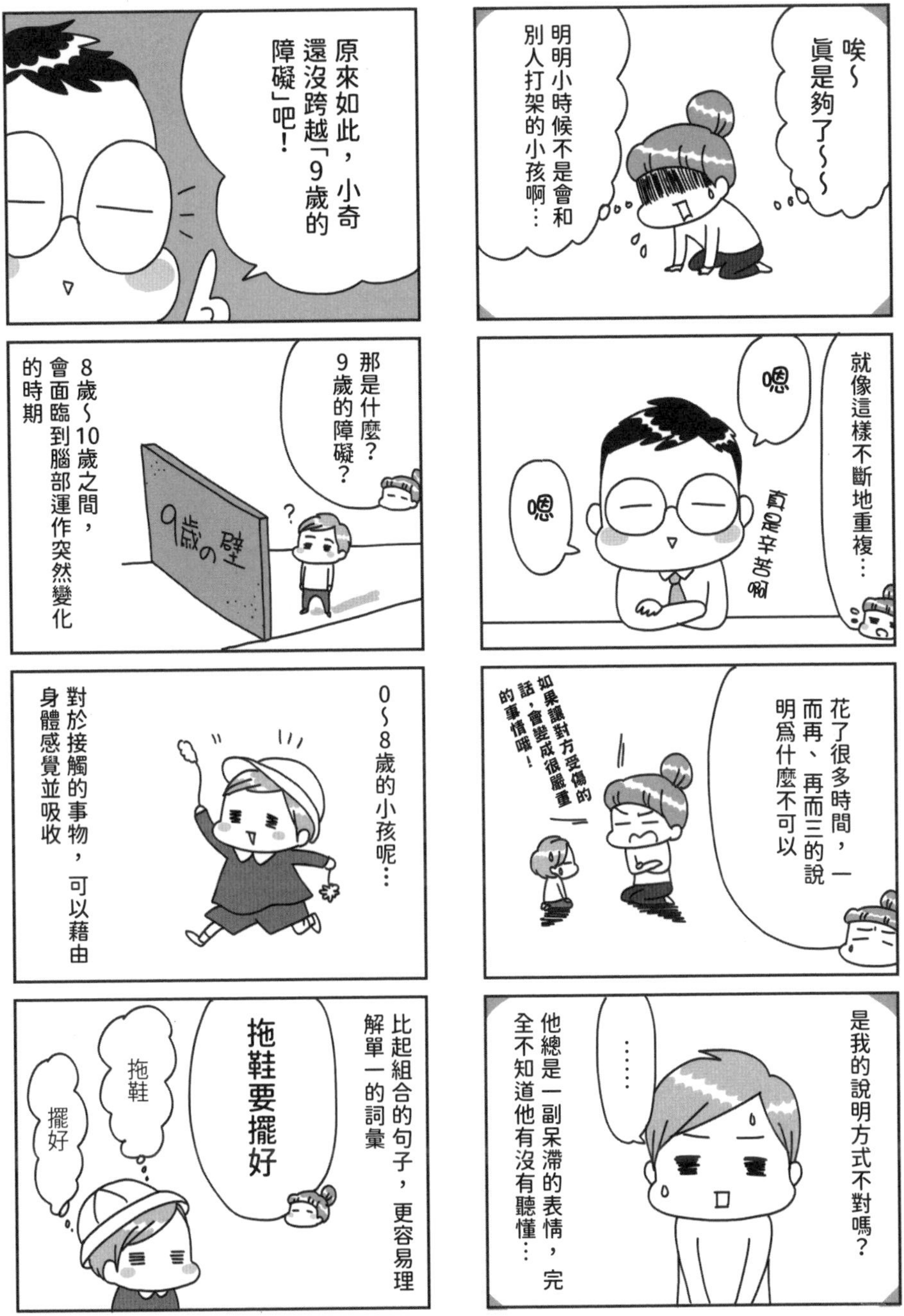
唉～真是夠了～～～
明明小時候不是會和別人打架的小孩啊…
就像這樣不斷地重複…
嗯
嗯
真是辛苦啊
花了很多時間，一而再、再而三的說明爲什麼不可以
如果讓對方受傷的話，會變成很嚴重的事情哦！
是我的說明方式不對嗎？
……
他總是一副呆滯的表情，完全不知道他有沒有聽懂…
原來如此，小奇還沒跨越「9歲的障礙」吧！
那是什麼？9歲的障礙？
9歳の壁
8歲～10歲之間，會面臨到腦部運作突然變化的時期
0～8歲的小孩呢…
對於接觸的事物，可以藉由身體感覺並吸收
比起組合的句子，更容易理解單一的詞彙
拖鞋要擺好
拖鞋
擺好

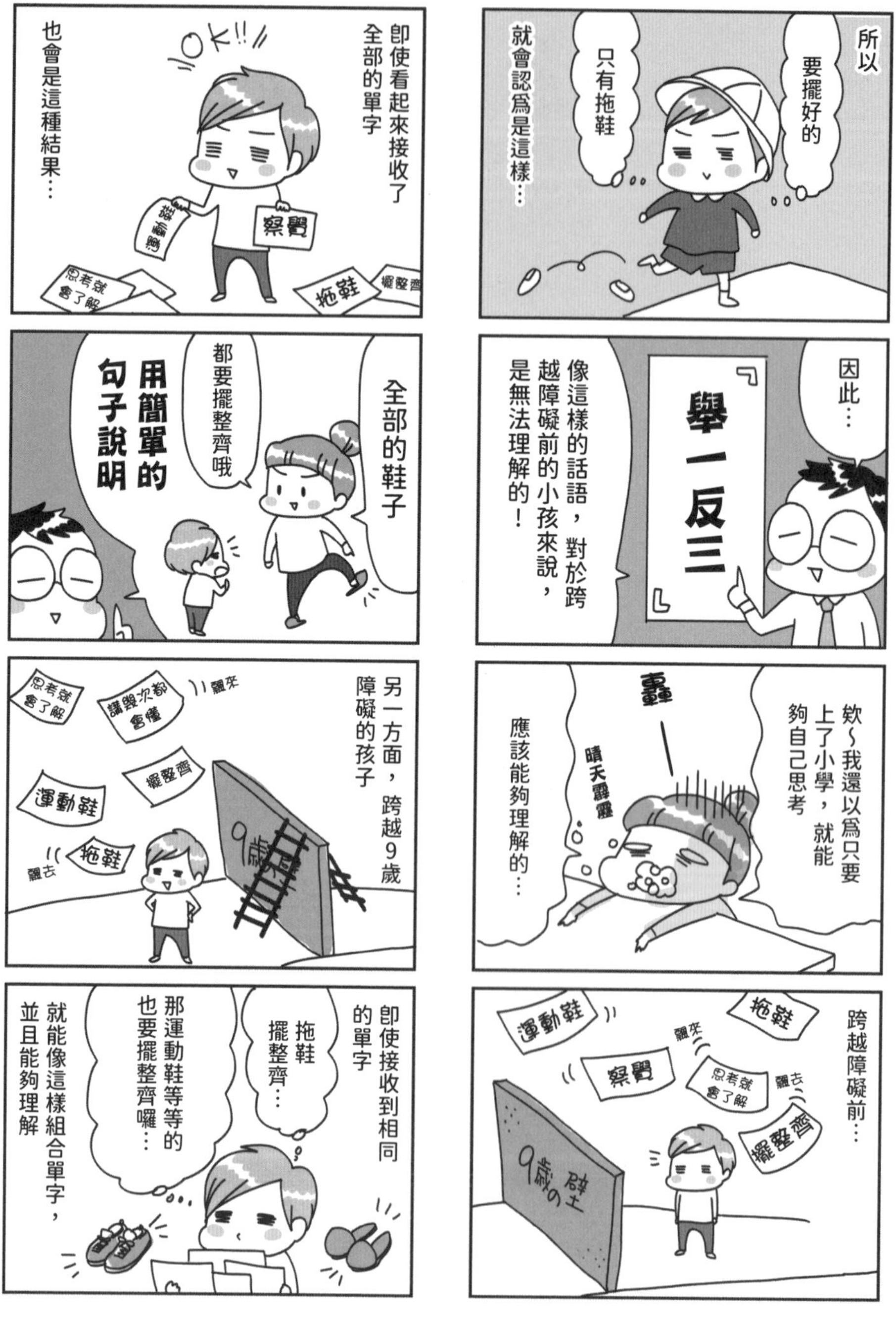
所以
要擺好的
只有拖鞋
就會認爲是這樣…
因此…
「舉一反三」
像這樣的話語，對於跨越障礙前的小孩來說，是無法理解的！
欸~我還以爲只要上了小學，就能夠自己思考
轟—
晴天霹靂
應該能夠理解的…
跨越障礙前…
運動鞋
拖鞋
飄來
察覺
思考就會了解
飄去
擺整齊
9歲の壁
即使看起來接收了全部的單字
OK!!
也會是這種結果…
察覺
思考就會了解
拖鞋
擺整齊
全部的鞋子
都要擺整齊哦
用簡單的句子說明
另一方面，跨越9歲障礙的孩子
思考就會了解
講幾次都會懂
飄來
擺整齊
運動鞋
拖鞋
飄去
即使接收到相同的單字
拖鞋擺整齊…
那運動鞋等等的也要擺整齊囉…
就能像這樣組合單字，並且能夠理解

這次打架的事情也是一樣，只要可以跨越9歲的障礙
如果因爲打架而使對方受傷的話，會怎麼樣呢？你想想看
骨折？
父母很辛苦？
會留下一輩子的傷？
決定了!! 就算對方來找碴，也絕不會和對方吵架
能這樣想很棒！
大概就能夠這樣理解了
在跨越之前
不行！
大聲喝斥或是抱緊來阻止的話
抱緊
也是相當有效果的
跨越9歲的障礙之後
不可以打架！只要想想原因就知道吧！
這種斥責方式才會有效果
原來如此
問題點就在於9歲的障礙吧！
椅子搖晃
微笑
這也是知識哦
在那之後有一段時間
記住不能打架哦
好～我出門了
阿部小姐都儘量簡短傳達
於是，就不再接到學校的電話了
之後到了小4的冬天
今天啊，班上同學有人打架了，不知道他們爲何要吵架？
欸？突然變懂事了…是跨越了9歲的障礙了嗎？

小川老師的
「生氣也可以哦」
特輯⑨

孩子9歲以前，請用「擁抱」來溝通

人類的腦部發育，在9歲前後（8～10歲左右）會突然產生變化——如果父母能事先瞭解這點的話，就可以更愉快地和孩子們相處。對於習慣用「身體」而非語言去理解的孩子，用「我不是說過了嗎？」、「想也知道吧！」這樣的溝通方式是行不通的。

直至9歲左右，父母與孩子間最棒的溝通方式，就是「好好擁抱他們」。

當你因為太過疼愛而感到憤怒時，試著先緊緊得給予一個擁抱，孩子們能用全身去體會。即便不用言語表達，也能培養對父母的信賴感及對家庭的安心感。然後，他們的表現也會有所進步。因為在穩定的自我肯定環境下長大，所以不需要假裝自己很厲害，並且能在群體生活中發揮所長。這是因為他們知道「不管發生什麼事，都有父母會愛我、相信我」，就能夠克服各種困難。

若是在必須用言語表達的情況下，那麼可以一邊輕撫、一邊說話，能更有效率的傳達。其實媽咪們的身體本能早就用這種方式將情感傳達給孩子，譬如：我們常看到有媽媽一邊說著：「這樣的話你瞭解了嗎？」一邊輕撫孩子的頭或肩膀。其實不用想得太難，也不用多說什麼，善用擁抱就能傳達愛意，這就是教養小朋友最重要的事。

哪怕過了9歲，孩子們也能會本能地尋求父母親的擁抱。不管他們13歲或16歲，在受到挫折或痛苦、接觸新事物的時候，其實他們都會下意識地想靠近父母，那時候請把他們當作7歲小孩，並給予適當的肢體接觸。我的兒子今年13歲了，偶爾也會在我懷裡撒嬌，這對他們來說也是一種充電的方式。

10話 不要不要叛逆期的延續？該阻止嗎？～學習篇～

小奇還在念幼稚園的時候
就開始學習鋼琴
當時，幼稚園下課後可以學習的才藝有…
足球
鋼琴
體操
這3個選項
在那些之中…
嗯…鋼琴好了
我最喜歡鋼琴了
小奇自己決定了想學的才藝
每週一次的學費、才藝班的接送
成果發表會和參加比賽等等
作爲父母，都會無條件支持和應援
其實我和老公
小時候超想學鋼琴的!!
也都喜歡鋼琴
老公小時候，也就是80年代後半
鋼琴是女孩子的才藝
社會上充斥這種刻板印象…
等於男孩子沒有選擇學習鋼琴的機會…
鋼琴教室
可以學鋼琴眞好~

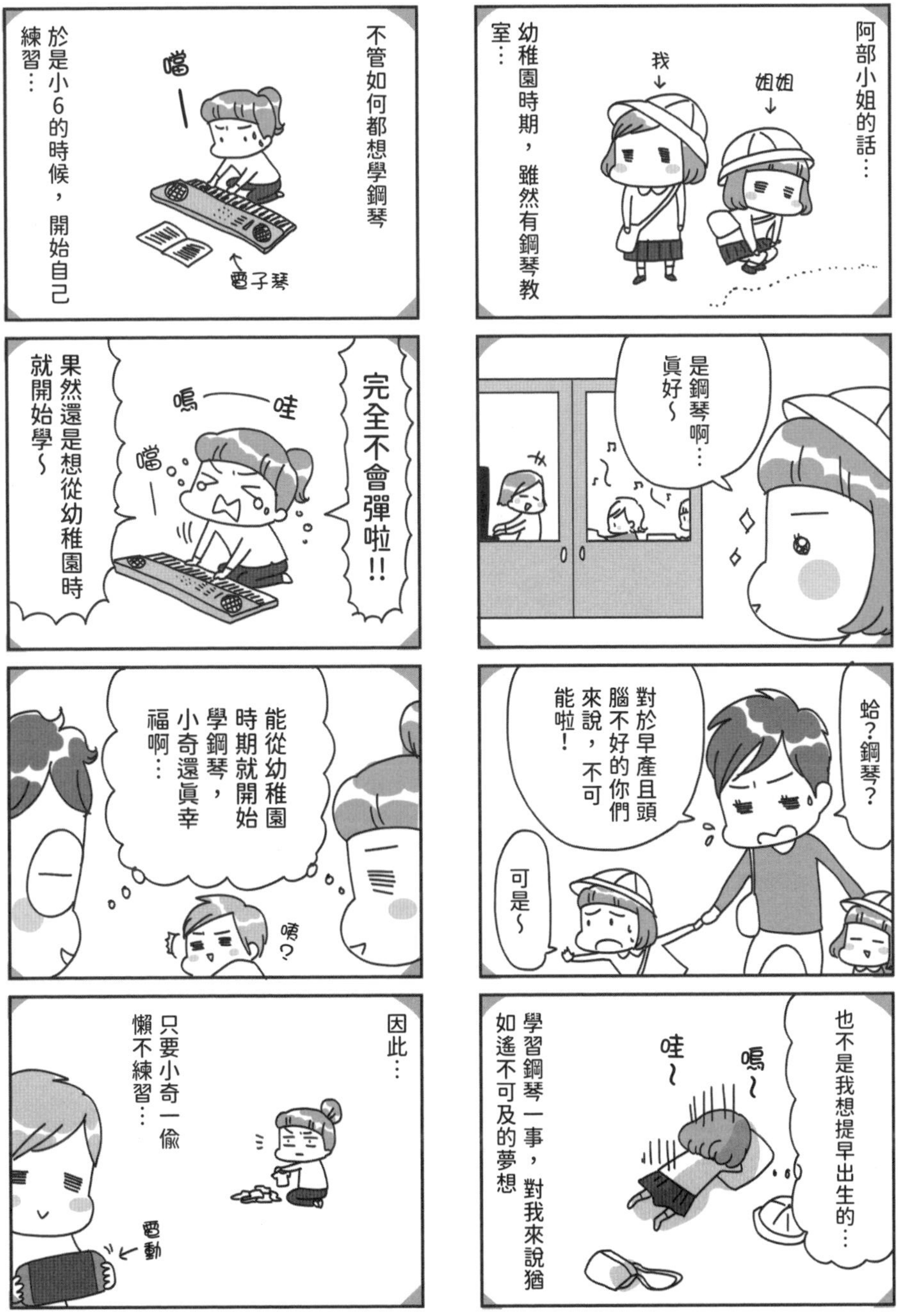
阿部小姐的話…
姐姐
我
幼稚園時期，雖然有鋼琴教室…
是鋼琴啊…真好～
蛤？鋼琴？
對於早產且頭腦不好的你們來說，不可能啦！
可是～
也不是我想提早出生的…
嗚～
哇～
學習鋼琴一事，對我來說猶如遙不可及的夢想
不管如何都想學鋼琴
噹—
電子琴
於是小6的時候，開始自己練習…
完全不會彈啦!!
嗚——哇
噹—
果然還是想從幼稚園時期就開始學～
能從幼稚園時期就開始學鋼琴，小奇還真幸福啊…
唷？
因此…
只要小奇一偷懶不練習…
電動

你要玩電動到什麼時候？
今天不打算練琴了嗎？
老公也動怒
你是小看鋼琴嗎？如果真心喜歡的話，那就應該每天練習！
像這樣的事情
每天都在不斷上演
我…頭腦不好…
我要放棄學鋼琴…
欸…
糟了，開罵了!!
驚嚇
蛤？那你就不要給我學！
啊啊…該怎麼辦…
嗚哇~
我還是不想放棄
也發生過這樣的事情…
到底該怎麼辦才好？
只是學習這件事，真的有必要這麼努力嗎？

欸…？
因爲想變得更厲害，不是只有這種方法嗎？
在電視上不是常常可以看到嗎？
頂尖選手的父母做過的10件事
從幼稚園開始就不斷練習
世界頂尖運動選手的教育特輯！
我認爲成功的小孩子
背後一定會有父母在某程度上的督促…？
阿部小姐想把小奇培育成職業鋼琴家嗎？
不…也不是這樣啦…
孩子自己決定的事情，我希望不要半途而廢，不對嗎？
扭扭
捏捏
也許所學的才藝可以當作一輩子的職業…
也可以當作一輩子的興趣…
決定這件事的，不是阿部小姐也不是你老公！
而是小奇自己!!
的確是…
呃

其實阿部夫婦生氣的對象，不是小奇…而是
過去的自己!!
我想學鋼琴
那個時候如果有再拜託父母一下，而能夠學習鋼琴的話
會是件多開心的事啊…
如果當時提起勇氣
我雖然是男生，但我想學鋼琴！
這樣說出來的話，有多好啊…
那個時候，如果是這樣做的話該有多好…
你們把這份情緒發洩在小奇身上
也許正如老師說的…
老實說，也許我們只是羨慕小奇…
嗚
他竟然會說出「我想放棄」…我到底該怎麼做…
眼神死──
先聽聽小奇的心聲吧！
首先必須試著讓他敞開心房
到底怎麼了呢？
這個…
這時候的重點是不管有無答案
「這樣啊」「是這樣啊」
我已經開始討厭鋼琴了……
僅需傾聽並回答「這樣啊」、「是啊」

試著引導孩子們慢慢地說出眞心話
眞的？不喜歡嗎？
其實…我想變得更厲害…我不想放棄…
全部交由孩子自己進行判斷
最糟糕的處理態度是…
不用去了！我已經跟才藝班說了！
欸～怎麼這樣！
像這樣的結束方式
不可以由父母隨意決定
放棄吧
丟棄
欸?!
嗯…喔…
鋼琴
啪
鋼琴
這個不適合我
放棄吧
嗯
嗯
鋼琴
應該由孩子決定是否要放棄
然後，偶爾放空一下是無妨的
原因請參考下頁特輯
放空也是必要的
和老師討論過後
小奇～～該練習囉～～
啊
可以等我看完這本書嗎？
看完書之後嗎？我知道了
嗯！
生氣嘮叨的機會也大幅減少了
也和那個年幼、想要學鋼琴的自己道別
並決定要相信小奇那份喜愛鋼琴的心

小川老師的
「生氣也可以哦」
特輯 ⑩

孩子們也需要放空的時間！

孩子天生就充滿好奇心，並沒有「做之前就放棄」的思維，所以即便是放著不管，也能自己讓「喜歡」和「擅長」的才能開花結果。但是，家長們過度的打氣，或是將學習日程安排得過於緊湊，會造成反效果。

我曾多次接到關於國中會考的諮詢，發現因為學習多項才藝而忙碌的孩子，反而大多是難以成長，且學習得相當辛苦。探討其原因，就是因為他們雖然學習的時間很多，卻不能把學到的事物融會貫通。一般的情況是在「放空」的時段，把體驗到的事物輸入到身體內。也就是孩子們需要放空的時間。正因為有這段時間，學習到的事物才能消化成自己的東西，進一步讓自己決定是否要繼續學習。

當他們親口說出「我要放棄學習」，其實也是很值得重視。這正是他們把學習這件事，當做自己的事情來思考的重要指標。

父母親可以做的是，耐心仔細詢問「為什麼想要放棄呢？可以告訴我嗎？」同時認可孩子們的真實心聲。由於他們無法明確表達，所以需要一點一點、慢慢去引導。如果能夠好好傾聽，也就是父母親願意主動幫忙的話，相信孩子一定可以自己決定並回答是否要繼續學習。

11話 手足紛爭該如何解決～第2胎的難題～

第2胎和第3胎的教養
會比較輕鬆哦！
像這樣給我建議的是
在街上突然和我搭話，一位喜歡小孩的貴婦…
有這麼好康的事!!
哇—
怎麼可能發生!!
咦—
不管生幾個，養小孩都很辛苦啊
真的是很辛苦啊…
小孩1個
有像我們家沉著冷靜的
長子型
還有像小安這樣自由奔放的
次子型
小安總是這麼想…
哥哥可以做到的事，小安也可以做到！
認為自己也可以

小奇在玩電動的時候
小安也想玩!!
小4生在玩的遊戲
嗯…
4歲的小安怎麼可能會玩…
哇~~
只有哥哥才會玩，我不要!!
可惡!!
蛤？怎麼回事！是我的錯嗎？
你這家伙
太討厭了!!
吼！
啪！
喂!!不准吵架!!
小安只有4歲，很多事情不會是很正常的！
我可以、我會啦!!
是哥哥不好!!太討厭了!!
欸~~為什麼總是我的錯!!
嗚~
每天每天重複這種無聊的爭執…連媽咪我都想哭了…

也是…若每天吵架
真的會讓人厭世啊
說過好幾次「你和哥哥不同」，但孩子們似乎無法理解，真的很困擾啊…
對於尚未跨越「9歲障礙」的小安而言
似乎必須用更容易理解的方式來說明
9歳の壁
例如用喜歡的動畫或遊戲角色去舉例說明，會比較容易理解
小安喜歡有英雄出現的遊戲，所以…
小安是4歲吧？那麼等級就是4級囉！
是的
哥哥呢？現在幾歲？
欸…這個…10歲？
那麼，我就是10級！
等級4和等級10的強度不一樣對吧！
嗯
是不一樣
大概是這種方式吧！看起來好像可行哦

老師!!
我的小女兒也很讓我頭痛
我自認很認眞教養老大
嗯嗯…
長女型
因爲是第1胎，我做了很多功課，也看了很多育兒書
常帶她到戶外刺激五感神經
每天和她對話
也唸很多繪本給她聽
哇~~妳好會爬了耶!!
我們來玩球吧!!
隨著年紀逐漸提高遊戲內容難度
也順利跨過了不要不要叛逆期
鈴木小姐好厲害!有夠用心的!!
但是…
小女兒卻沒有如此順利…

沒錯!!
小女兒就是無法如我所願!!
呵呵呵
明明老大就很喜歡我唸繪本給她聽…但小女兒完全沒興趣…
無視—
吃飯也是，老大不挑食…
但小的只吃喜歡的東西…
為什麼無法像老大一樣呢？
為什麼？
為什麼？
為什麼？
為什麼？
你為什麼不吃呢？為什麼?!
就不能像姊姊一樣吃飯嗎？
嗚哇—
就像這樣子不斷責罵她…
嗯嗯
鈴木小姐的行爲…
就是這個
強迫給予式教養
鈴木小姐會親自爲小孩安排學習目標，並強迫他們完成
繪本
營養均衡的飲食
和年紀相符的遊戲
戶外活動

而碰巧這些學習內容符合長女的個性
我好喜歡
繪本
營養均衡的飲食
和年紀相符的遊戲
戶外活動
在老大身上獲得不錯的成效之後，
直接複製在小女兒身上…
我為你準備好了
戶外活動
營養均衡的飲食
和年紀相符的遊戲
繪本
但因爲是不同的人，所以並不適合
推倒
營養均衡的飲食
和年紀相符的遊戲
戶外活動
第1胎明明很順利，可是第2胎卻遭遇困難
為什麼?!
所以鈴木小姐才會感到困惑
老師…我該怎麼辦…
最重要的還是要「觀察」孩子
育兒書的知識雖然很重要
嗯、嗯
是花耶!!
有狗狗!!
但仔細觀察孩子，一起了解她的個性吧!
由家長角度來看，不管哪個都是「我的小孩」
但其實都是和自己或兄弟姊妹一樣，是不同的個體
父母親們不必準備太多，只需陪伴孩子們，增加孩子接觸新事物的經驗就行了!

小川老師的
「生氣也可以哦」
特輯 ⑪

由「給予」轉變成「關注」的教養

像鈴木小姐一樣，替孩子安排過多學習內容或新事物體驗的家長，其實蠻常見的。這樣的行為也是基於對孩子強烈的情感。而能夠給予他們這麼多的愛，是一件很棒的事。

對於擔心自己最近到底怎麼了的媽咪們，我在此要向你們提問：

「最近你家孩子的口頭禪是什麼？」、「最近你家孩子熱衷於什麼遊戲呢？」

沒錯。平時只要能好好觀察、瞭解他們的個性的話，就能精準地投其所好。

父母親們在此唯一要替孩子做的就是「製造接觸新事物的機會」。不論是海邊或山上、動物園或遊樂園、游泳池或補習班，甚至是交朋友，對孩子們來說都是一種新的探索。然後，請仔細觀察他們眼中散發的光芒。也許大部分會是「猜錯了嗎？」的感覺，但別氣餒、勿生氣，只要保持「原來如此啊」的心態即可。

不論爸爸或媽媽，都是經過數十年的生活，才能累積足夠的經驗。例如「珍惜身邊的人」、「好好的學習」、「嘗試挑戰」、「好好反省」等等。但是，是否珍惜這些事物，還是要由本人自己決定。即便是雙親，也只能「注視著他們並守護在旁」。看著今天孩子們的模樣，為了讓他們能專注在珍惜的事物上，並守護著他們（幫他們一把）。對父母親來說或許會感到焦躁不安，如果真的要給建言，也請等到孩子們向你們求助之後！「我家小孩絕對沒問題」的這種莫名信賴感，才是親子關係當中最不可或缺的情感。

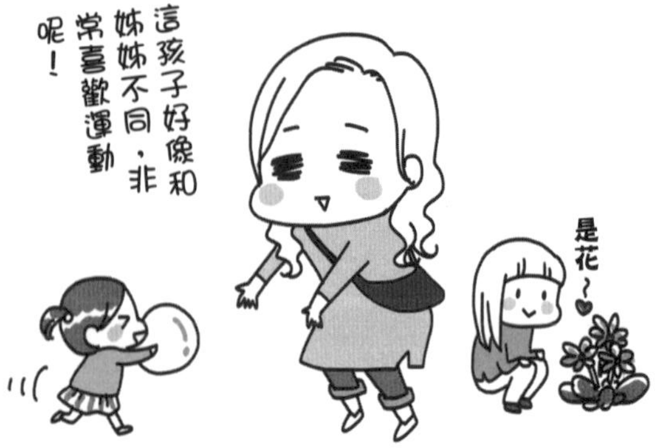
這孩子好像和姊姊不同，非常喜歡運動呢！
是花～♥

第5章

教養也必須與時俱進

12話 「改變育兒方針」：試著放手讓孩子們探索！

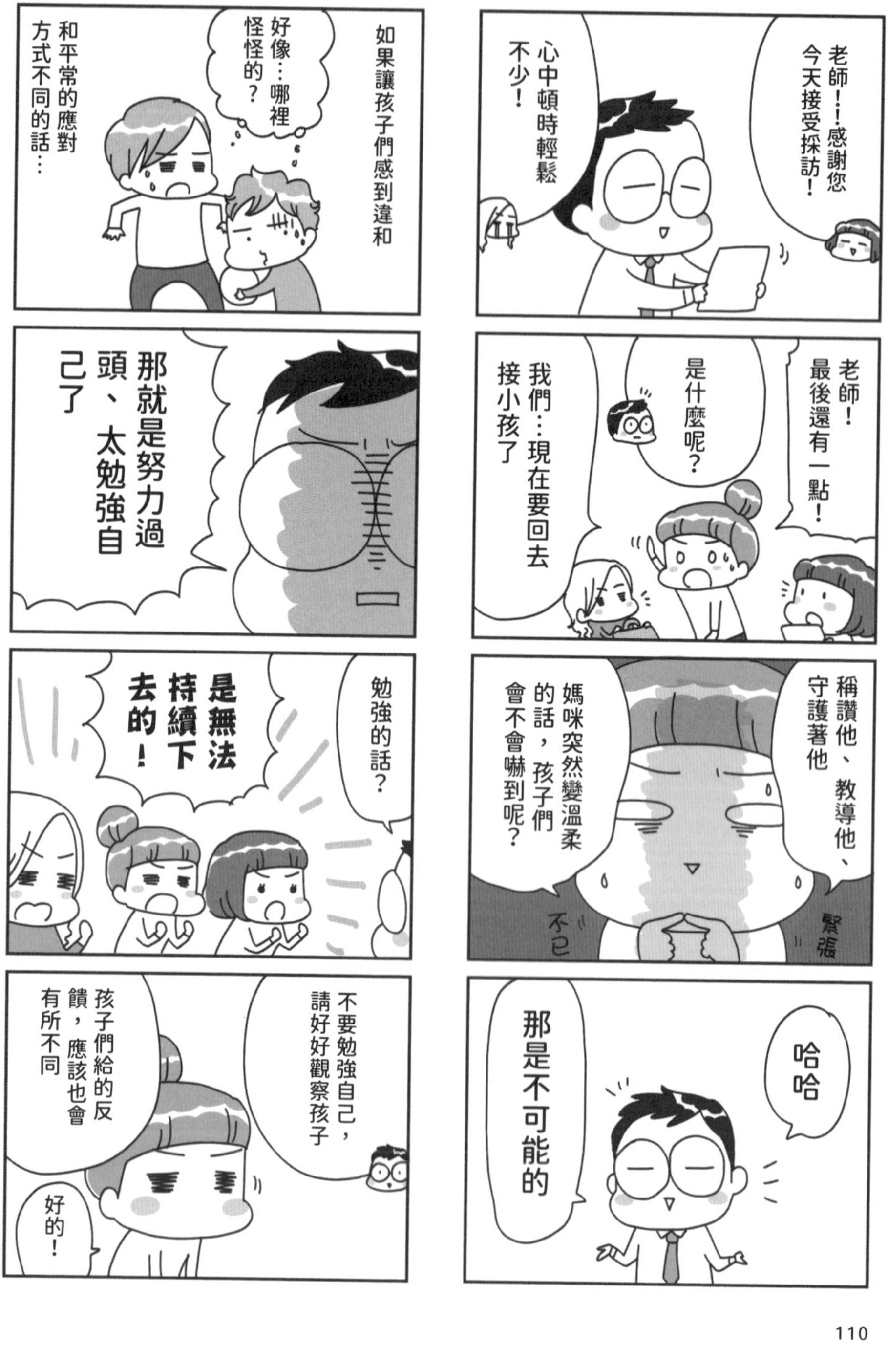
老師！！感謝您今天接受採訪！
心中頓時輕鬆不少！
老師！最後還有一點！
是什麼呢？
我們…現在要回去接小孩了
稱讚他、教導他、守護著他
媽咪突然變溫柔的話，孩子們會不會嚇到呢？
緊張
不已
哈哈
那是不可能的
如果讓孩子們感到違和
和平常的應對方式不同的話…
好像…哪裡怪怪的？
那就是努力過頭、太勉強自己了
勉強的話？
是無法持續下去的！
不要勉強自己，請好好觀察孩子
孩子們給的反饋，應該也會有所不同
好的！

我回來了~
我帶伴手禮回來了
耶~
啊…沒事的時候要多多稱讚
哇—是甜點耶!!
謝謝你們今天乖乖在家等媽咪
嗯?
蛤?
咦?難到對他們行不通嗎?
……
自豪
沒什麼啦!
嘿嘿♡
我…做到了稱讚!
那是我的!
小安要這個!
不要勉強自己,試著照老師的建議來做吧!
好吃~

國小生小奇的暑假，終於來臨了！
咻—
咻
太好啦！沒有課後輔導的暑假耶！
啦啦啦
啊…明明到6年級爲止都要接受課輔的說…
其實…在3年級要結束時
吼…
我不想參加課輔
疲於人際關係～
小奇放棄參加暑期輔導
不參加課輔的話，那暑假作業就給我在暑假前半段完成
好！
約定好囉！
欸…眞的沒問題嗎？
加油吧～
小奇按照自己的步調
每天埋首於作業當中
負責檢查的老公
欸？
今天只完成這些嗎？
按照這樣的速度，可以在暑假前半完成嗎？
碎碎唸
碎碎唸
呃…
不…老公又開始了…
欸

我…是那種到了暑假最後一天，才在邊哭邊寫功課的類型…
每天做功課真是了不起啊…
對吧？
咕嚕咕嚕
是這樣嗎？
另一方面…老公是屬於
3天內完成暑假作業的類型
作業做完了嗎？
快去寫！
每天碎碎唸…
又來…
暑假作業
自然研究
動物百科
完成80%左右的時候…
小奇開始玩起來了
啦啦啦—
晚點再寫作業～♡
留著未完成的作業…彈彈鋼琴
一整天看好幾部動畫電影…
享受著悠閒的暑假

8月25日
小奇~抹布是2條吧?
暑假最後一天
※東北的暑假很短
欸…怎麼了?
死定了…
作業…
還沒全部寫完!
不是吧!
明天就要開學了!
怎麼了嗎?
他說作業還沒寫完!
抖
抖
抖
蛤?明天就開學了耶!
慘了,要發飆了…
怒火中燒
抖
抖
明明我已經警告過你…
真拿你沒辦法…我也和你一起罵罵他吧…
真是的
這樣啊…
忍耐——…
如果是小奇的話,今天加油一點就可以完成吧?

有什麼我可以幫忙的，要跟我說哦
欸？你沒生氣嗎？
嗯！我知道了，我試試看！
小奇加油！
腿軟…
怎麼了？不生氣嗎？
暑假又還沒結束，也不是我的作業，就交給小奇了♡
關門
小奇一整天埋首於作業當中
藝人參加24小時馬拉松到達終點時…
我做到了！
寫完了！
啦啦啦～♪
做得好！你也是可以做到的！
來得及做完眞是太好了
這是什麼情況？
暑假期間在氣孩子沒有照進度完成功課的我，究竟算什麼？
好了，洗澡囉

小川老師的「生氣也可以哦」特輯 ⑫

最棒的教育方式，就是讓孩子引導父母

阿部小姐真是太棒了！實踐了「稱讚孩子」、「認同孩子」，完美地改變了教育方針。即便最初是抱著「試看看」的心態，也很值得被鼓勵。

父母親都是「為了孩子著想」，所以才會斥責。但是實際上，怎麼做才是真的「幫助孩子」，卻沒能明確掌握到。因為是不同個體，所以當然無法完全瞭解兒女的想法。由於這個不確定感而產生不安，才會更加生氣。

在漫畫當中，阿部小姐的老公曾想過「為了讓小孩（小奇）完成作業，這樣的選擇是正確的嗎？」而結果就是由於阿部小姐相信「我家寶貝沒問題的」，小奇也用行動告訴了我們正確答案。爸媽們拼命替孩子尋找「解決方式」，但其實只要秉持著信任，他們會很自然得用行動證明，他們可以的。

阿部小姐之所以能相信小奇，是因為每天都很仔細在觀察他。沒錯，最重要的是仔細觀察。讓孩子們可以自然成長，同時為人父母的我們也可以藉此深刻體會到，孩子們也是讓我們成長的存在之一。正如同此次阿部小姐，也因為小奇的關係，自己也成長了不少。

為了實踐「觀察」，必須讓孩子們累積「自我選擇」的經驗。我特別推薦到書店和圖書館練習，比起父母親的選書、幼稚園或學校的指定圖書，更應該尊重孩子們最先拿在手上並翻閱的書籍。請好好觀察他們閱讀時的眼神，那一定會成為他們的精神糧食。即使你會思考「這樣做好嗎？」等疑問，不過正確答案都在孩子們的眼神之中！

13話 戒掉「逞強」，讓老公成為妳的隊友！

3個月後，再次拜訪小川老師
這段期間大家狀況如何呢？
太棒了!!
瞭解了「9歲的障礙」這件事!!
我改變了對老大跟老二的態度!!
嗯～
開始試著稱讚孩子們後
突然暴怒的情況也大幅減少了
知道逃避是被允許的之後
心裡也輕鬆許多!!
大家都很棒呢!!
カタ
カタ
但是，我還注意到了…
有時候跟孩子無關，而是對老公感到煩躁和不耐煩!!
上次諮詢之後…
老師說逃避是允許的!!讓我的壓力釋放不少!!
回家跟老公分享之後…

可以逃避…那不就是虐待兒童嗎？
我不在的時候，不可以這麼做！
呃…所以說爲了不變成這樣
老公如果每天可以早點回家的話…
不是說過不可能了嗎！
完全無法溝通，害我內心煩躁不安!!
焦躁不安
沒錯
沒錯
呵呵…終於發覺到了呢…
其實我也有相同的經驗…
欸？老師也有?!
那是在老大還很小的時候…
吼！
新生活還是很不穩定的時候…
不行！
哇～～
老婆總是很暴躁
沒事吧？
需要幫你什麼忙嗎？
爸比～～
原本以爲老婆情緒不穩的原因是因爲小孩

沒事
你的便當
老婆每次都是這樣回覆我
某天我較晚回家
老婆的樣子不管怎麼看都很奇怪…
發生了…什麼事？
沒有啊
沒什麼事！
沒關係！
喔…是喔
無力
飄走
不可能…
不像沒事…
先試著和她聊聊看
那個…我做錯了什麼嗎？
可以和我聊聊嗎？
……
反正…
我就是一個沒用的母親
我總是對老婆的求救訊號視而不見…真是糟糕…

因爲我工作的關係，全家搬到不熟悉的地區
離妻子的娘家也變得更遠了
沒有朋友，活動範圍只有在家裡、超市、便利商店、兒童用品店之間…
照顧孩子的只有我一人
就算30分鐘也好，我也好想有自己的時間，但是老公的工作很忙
要如此忙碌的老公幫忙做家事…
就算說了，我想也是沒用的…
曾想過爲何只有你一人可以去工作，眞的太狡猾了！
我啊…曾想把對你的不滿，發洩在孩子身上，我眞是個不及格的媽媽！
我自己…
是不是太強迫妻子了，因此也讓孩子們的心靈受傷了呢？
嗚嗚…我可以理解
媽媽眞的很辛苦…
嗚
嗚
嗚
淚流滿面啊
在那之後…
我盡力讓老婆有自己的休息時間

特別是和朋友一起
吃飯或是做了美甲之後
從男性的角度來看
眞的有那麼開心嗎？我還眞的不懂
會如此想著
你看你看～
平時總是爲了小孩和家事盡心盡力，
這次則是讓美容師和美甲師爲自己服務，
光是這點就能療癒自己
幼稚園選這間如何？
喔！
好像不錯
夫妻之間的對話也增加了
我們雖然很重視小孩
但也決定要重視彼此的身心健康
養育小孩最重要的是
夫妻之間要有相同的想法
即使在各自心中
我想孩子自由發展
孩子要嚴格教育才行
也許會有不同的想法
一旦想法不同
這邊！
痛痛～
這邊！
孩子們也會無所適從，大家都會很辛苦

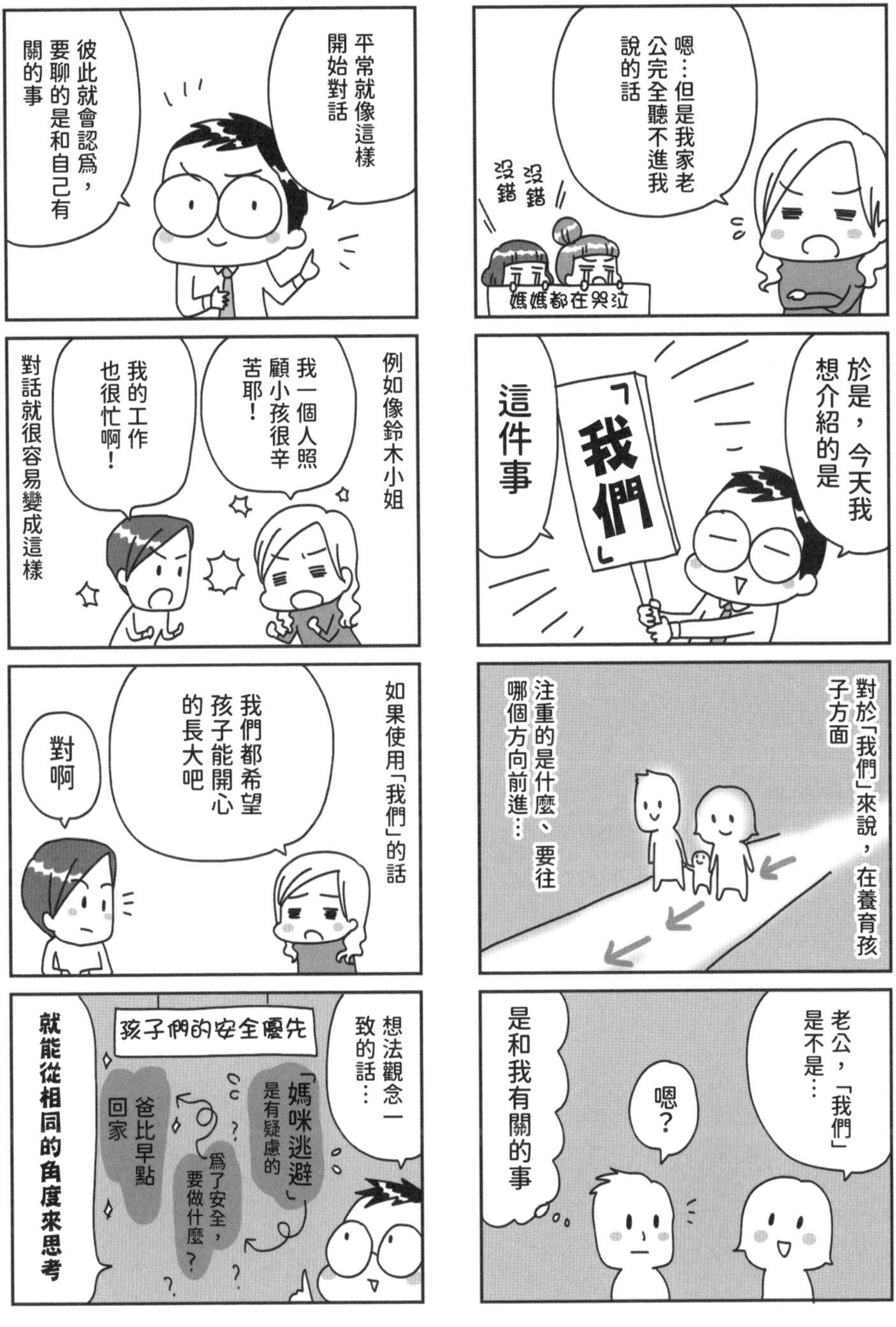
嗯…但是我家老公完全聽不進我說的話
沒錯
沒錯
媽媽都在哭泣
於是，今天我想介紹的是
「我們」
這件事
對於「我們」來說，在養育孩子方面
注重的是什麼、要往哪個方向前進…
老公，「我們」是不是…
嗯？
是和我有關的事
平常就像這樣開始對話
彼此就會認爲，要聊的是和自己有關的事
例如像鈴木小姐
我一個人照顧小孩很辛苦耶！
我的工作也很忙啊！
對話就很容易變成這樣
如果使用「我們」的話
我們都希望孩子能開心的長大吧
對啊
想法觀念一致的話…
孩子們的安全優先
「媽咪逃避」是有疑慮的
爲了安全，要做什麼？
爸比早點回家
就能從相同的角度來思考

小川老師的
「生氣也可以哦」
特輯 ⑬

老婆說「沒關係⋯⋯」，代表夫妻之間缺少溝通

當老婆說「沒關係…」，其實這是她的SOS求救訊號。但由於男性們都很單純，就會傻傻地認為這是句號，以為真的沒關係。明明就已經是岌岌可危的狀態了，反而會讓已無退路的妻子陷入更不安的狀態之中。

「到目前為止已嘗試好幾次了…果然還是無法溝通」、「我決定再也不會對老公有所期待」。像這樣媽咪們的心聲我已經聽了無數次。

反過來，我們來試著考慮看看男性們的立場吧。

兒子還小的時候，我常常和其他爸爸家長們一起吃飯喝酒，通常30分鐘後就會變成老婆抱怨大會（笑）。

「我其實可以幫忙的啊，但她總說『沒關係』拒絕我，反而讓我感到很莫名啊！」、「總之很容易不爽，我也不知道是在氣什麼…」。大多會是這種內容，這個時候我會說「啊～我懂，我有同感。但是，那也是因為我們的欠缺理解的關係啊」。

「老婆會不斷地碎唸，也是因為她們是如此信賴我們。這時候我們只要直接說『來吧，交給我吧』這樣回覆她們不就好了嗎？」

「會突然發飆，我想也代表老婆是不到最後關頭，絕不輕言放棄的人吧。從平常生活上就要多留意她的樣子比較好。如果可以扮演好父親角色的話，想必也可以扮演好支持老婆的好老公角色吧！」

我只是將這些認知問題中最重要的部份告訴他們。這樣的話，爸爸們也可以多努力一下。這些爸爸也逐漸接受，並一直和我說「如果是這樣的話，早點和我說就好了！我還真的不知道」。

雖然可能會隨著時代變化會有所不同，但實際上大部分的女性，原本是不是都認同「自己的老公是值得依賴的人、是成熟穩重的人」呢？「但結婚久了，我家老公變得…」往往都會與自己當初的期待相反…，我想夫妻之間的分歧就是由此開始的。

希望讀者們能再重新審視兩人的關係。在情侶時期，只需區分「你和我」就可以了，而一旦進入共同生活階段，即是夫妻也是為人父母時，就會顯得有些不足。所以要將「你和我」升格至「我們」。只需如此，大部份有小孩的家庭，夫妻之間的關係就會有大幅度的改善。原本雙方就是因為彼此相愛相惜，才步入婚姻。

還有一件不可忘記的事，夫妻關係會成為孩子們「成長的借鏡」。沉著冷靜的孩子、粗暴易怒的孩子、老是抱怨和憎惡他人的孩子…我認為大多是受到後天環境影響的。

家庭結構也是一種「開發計畫」，所以需要共享資訊。例如：越是想要改善的話題，請先試著使用手機聊天軟體通知對方，而不是等到回家後，直接詢問是否有好好談話的機會。請先提出「回家之後，想要和你討論某件事」，然後再以「我們」的角度進行討論。雙方（特別是女性）只要能減少模糊不清的時候，彼此關係就可以變得更融洽。

玩得開心一點哦~
我出門了~♡

14話 「夫妻攜手」，成為自我期許的爸媽吧！

小奇今天也只有練習一下下的鋼琴
根本沒幹勁！
嗯 嗯
這樣不就像嗜血補習班嗎！
啊～又來了
嗯
這時候該使用那招！
對了，老師好像曾經說過…
會讓小孩子努力去學習的父母
小奇要練習到何種程度，「我們」才可以接受呢？
欸？
正是將自己小時候
呼～
自我努力的標準作為教養的基準
嗯…最理想是早晚各練習一次
最好睡前也能再練一次…
嗯～
自己小學時都做了些什麼？
請試著回想看看…

那個…「我們」在小奇這個年紀的時候，都在做什麼呢？
欸？
小4的時候…
每週1次
去足球教室…
玩玩遊戲、看看漫畫吧
啊！我也一樣，玩遊戲、看漫畫，空閒時就畫畫圖！
「我們」小學時，也是那樣子啊！
放空～ッ
但「我們」生的小奇，竟然早、中、晚都要練習鋼琴（笑）
哈哈！說的也是！
「我們」這一單字，還真是有如魔法的話語啊！
稍稍試著讓本人決定吧！
在我煩惱該如何訓斥兒子們的時候
老公有了新的煩惱
爸…
爸…
丟
丟

對於小女兒卻完全不會生氣
哇！是衛生紙祭典耶～♡
丟
丟
空
爲什麼唯獨對美佳不會生氣？
因為不想被她討厭嘛！
太不公平了
某天，在小奇的鋼琴教室
現正招生中
鋼琴教室
等待小奇下課的老公看到了…
不論以前還是現在，學鋼琴的大部份都是女生…
午安！
第一練習室
第二練習室
下一首曲子也要加油哦！
好的
幫我拿包包
好…好的
砰(關門聲)
那個…回家的路上要不要和爸比一起吃冰呢？
我不要和爸爸一起吃！
哼

和爸爸一起，我才不要呢！
欸～
遠走～
她是小5還是小6生？
做父親的總有一天會像那樣
被女兒討厭的啊…
眼神死——
絕望
爸比
下課之後，我想到附近散步♡
好哦～
上課加油哦
好
和剛剛的女孩子差不多年紀…
有什麼不同呢
今天要好好的和老師打招呼哦！
嗯！我知道了！
到底…有什麼不同？
老爸，我下課了～
那位爸爸
和這位爸爸…
到底有什麼差別呢？
這次的成果展示會啊
噗—

今天是小奇的鋼琴教室成果發表會
東張西望
加油哦~
報到
啊，看到了！
二位爸爸的「差異」到底是什麼？
今天一定要觀察個仔細！
要走了
輪到我們之前，我會一直在那邊
沒事嘛
蛤……
哼
快到我們的時候，再打給我哦~
欸，等一下…
拜
啊~~走掉了！
吼！爸爸也真是的
哼！爸爸不來看也沒關係啦！
還有一隻小的要顧耶
總是這個德行
真傷腦筋啊
對啊！
原來如此

你可以去幫忙換尿布嗎？
好喔
那記得幫我佔位子哦！
那就麻煩你囉！
哪邊的位子比較好呢？
嗯…靠近走道的好了～
那我在位子上等你哦！
爸比！要快點回來看我的成果發表會哦！
走吧
差別就在這裡
原來是如此
爸媽相處的樣子，孩子們全看在眼裡啊！
那個爸爸只往自己想去的方向前進
只想來聽女兒的成果發表會
全家人一起享受成果發表會
讓媽媽十分困擾
這家人的凝聚力強
希望全家人一起享受成果發表會
有共同的目標
我應該…
要像那位優秀的爸爸一樣！

小川老師的
「生氣也可以哦」
特輯⑭

聊一聊曾經最愛的動畫

「今天也只練了一下下鋼琴（才藝）。」你越是在意孩子們「未完成的部份」時，越要試著把當下的心情分享給另一半。

因為希望自己的小孩幸福，所以才會如此在意，但是將「未完成」這種否定看法直接對孩子說，會讓他們覺得「媽媽或爸爸是不是討厭自己」，這是因為他們溝通的經驗還不多。這時，詢問同樣在養育小孩的另一個大人，也能幫助自己有不同的看法。

沒有必要討論很艱深的教養論點，可以像阿部夫妻這樣，聊聊小時候練才藝、國高中社團活動的事、自己的口頭禪和習慣、小時候最喜歡的漫畫或動畫等等，都是不錯的話題。價值觀相左的兩個人，如果能夠透過聊天、溝通，瞭解到「我們以前好像也跟寶貝一樣呢！」其實就能夠發現「未完成」的價值觀。

例如我家的情況，老婆那世代常常看的《小甜甜》、《玻璃假面》，有許多媽媽就被灌輸了，雖處於困境中，但只要拼命努力向上的話，總有一天會有光明的未來，這樣的價值觀。跟我一樣看《機動戰士鋼彈》長大的爸爸們，很容易對政府或大企業等等大型組織有莫名的猜疑，因此也十分在意自我評價（笑）。阿部夫妻那世代最風靡的《灌籃高手》，最具代表性的經典名句是「現在放棄的話，比賽就結束了…」。你可以一邊閒聊著、一邊說著「但是否放棄比賽，則是由孩子自己決定，而不是『我們』吧！」如果可以藉此察覺到束縛自己的個人價值觀為何，並加以改善就好。

15話 「育兒方針」的新觀念

「昭和」為1926年12月25日至1989年1月7日。
「平成」為1989年1月8日至2019年4月30日。

男人則是…
你是公司的主力
給我每天加班5小時！
一定要參加公司聚餐
昭和
養小孩的事就交給老婆！
工作才是第一！
噫－
昭和
快要溺斃了
平成
昭和
就像這樣…
夫妻兩人都非常辛苦

這10年之間，
飄～
昭和
昭和氛圍漸漸趨緩…
即使是在…
令和
新時代來臨的現在
媽媽們仍受昭和時代的
昭和
賢妻良母既定印象所苦
爸爸們也被昭和時代的
昭和
大男人主義給深深影響…

「令和」是從2019年5月1日開始。

雖然我不認爲昭和式印象有什麼不好
但現在這時代，可能很難用以前的方式生活吧
從昭和到平成，再到令和
結婚和教養小孩的方法都多元化了
多樣性
男女共同參與
養育小孩的年齡層
也變得更年輕、更廣了
30代
40代
20代
這樣的話，大家就會有各種不同時代的包袱
昭和60年代
滾
平成
滾
滾
昭和50年代
滾
2000年代出生
令和
滾
如果夫妻倆有不同的包袱的話…
昭和
平成
平成
令和
令和
就會造成混亂
所以我希望你們想起…
我們
這2個字
夫妻相互提出所背負的包袱
令和
昭和
平成
並且一起討論「我們」的育兒方針
以我家爲例
國中的兒子還不會騎腳踏車

ㄟ～男孩子不會騎腳踏車，不會很奇怪嗎？
完全不會啊
我自己還是小孩的時候
會騎腳踏車是很普遍的！
是這樣吧
的確…我也會心不甘情不願的練習過
快啦，踩踏板
好可怕啊～不要放手哦～
啊，但是這種想法…
是昭和及平成的包袱吧
在那個時候
是理所當然的
昭和
平成
沒錯，我和妻子所決定的育兒方針
有這2項
健康的長大
多交朋友、有好的人際關係
是不是也讓他學騎腳踏車會比較好呢？
嗯…
就算不會騎腳踏車
哈哈
也不會怎樣啊，所以沒關係的！
確實也沒錯！
想騎的時候，再學就好了

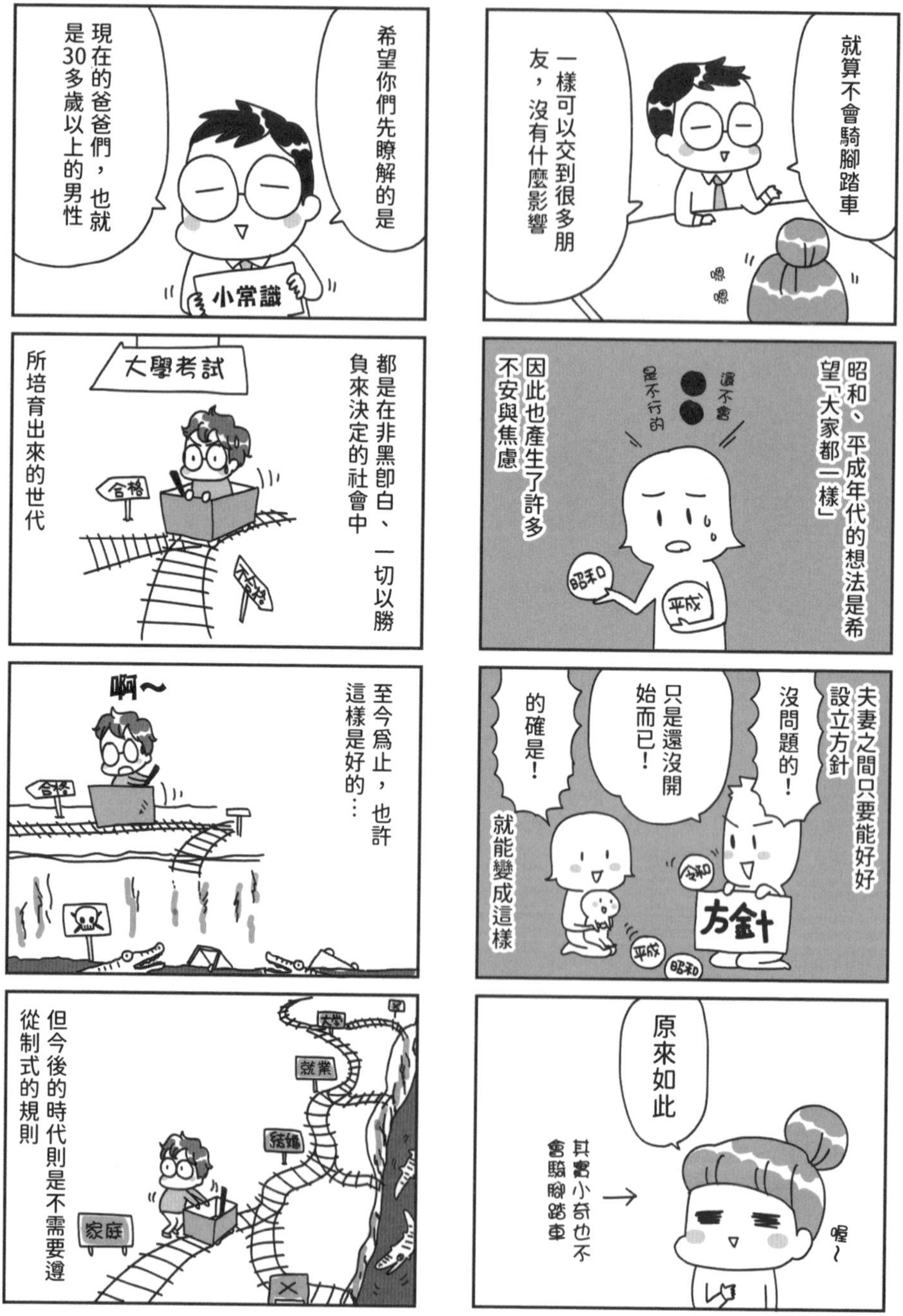
就算不會騎腳踏車
一樣可以交到很多朋友，沒有什麼影響
嗯嗯
昭和、平成年代的想法是希望「大家都一樣」
還不會
是不行的
因此也產生了許多不安與焦慮
昭和
平成
夫妻之間只要能好好設立方針
沒問題的！
只是還沒開始而已！
的確是！
就能變成這樣
令和
方針
平成
昭和
原來如此
其實小奇也不會騎腳踏車
喔~
希望你們先瞭解的是
現在的爸爸們，也就是30多歲以上的男性
小常識
都是在非黑即白、一切以勝負來決定的社會中
所培育出來的世代
大學考試
合格
不合格
至今為止，也許這樣是好的…
啊~
合格
但今後的時代則是不需要遵從制式的規則
大學
就業
結婚
家庭

呼
按照自己的想法就可以
不必拘泥於世俗眼光
並非只有單一選擇
不需遵從既有的規則，生活壓力應該就會自然減少
嗯…就這樣吧
阿部小姐和老公
我們放下昭和包袱吧
好啊
昭和
決定了這樣的方針
只要2人朝向同一方向前進
令和
平成
昭和
就能減少不安和焦慮
在令和的時代，一起快樂的養育小孩吧！
好的
感動～
令和

小川老師的
「生氣也可以哦」
特輯⑮

「勇於嘗試」的媽媽，情緒才不易起伏

讀著本書的媽咪們，最後我有件事想說。

如果現在你們感到：「我雖然理解…但我們家就不是這麼簡單的情形」、「但是，如果能說的話就不會這麼辛苦了」、「但是，是不是想得太過美好了呢？」並且有點生氣，認為：「怎麼可能這麼簡單就解決我一直以來的困擾」，那也證明長久以來，你總是一個人在努力。

至今為止自己的努力沒有錯、自己才是正確的，會這麼思考也是因為人類的心理，自然會產生「但是」的這種否定情緒。沒錯，如此輕易改變的話，反而會讓自己感到矛盾。長久以來的煩惱及努力就會付諸流水，並且後悔著為什麼不能早點知道等等。

和你們一樣有著相同煩惱、長年努力的阿部小姐，現在不會讓情緒助長自己的憤怒。這並非是我很會教或阿部小姐的案例比較特殊，而是阿部小姐「勇於嘗試」的關係。

「試著去做」的話，也許會有很多人和第2章第4話的伊藤小姐一樣，感到「太順利了，反而有點混亂」的想法。甚至會有「至今為止我的辛勞和苦惱到底算什麼」、「如果早點知道的話，就不用這麼辛苦了…」，但會這麼想是正常的，相反來說，也許只有感覺到這種疑惑的人，才能不斷進步吧。

「知曉原理」及「勇於嘗試」，在實行一星期後，就會有明顯差異。對實際「勇於嘗試」的阿部小姐和所有的媽咪們，我在此致上最深的敬意。

結語

結語

從第1次的諮詢至今已有半年
老師，您的信件
喔，阿部小姐寄來的信啊！
寫些什麼呢？
小川老師台鑒
許久不見，老師近來可好？
小奇出生已10年
擔任母親已有10年的我
至今爲止我對孩子發脾氣的次數
多到我也數不清
這次多虧有小川老師的幫忙
讓我每天都一點一滴的在進步
夫妻之間也是
瞭解到「生氣的時候就是SOS求救訊號」此一重點
我發脾氣的時候
啊…是忍耐快到極限的訊號！
喂！不行這樣！

好了好了，你一定很累了吧
去外面喝杯咖啡、放鬆一下
僵——
呆滯
我回來了~
謝謝你給我休息時間！
相反的老公如果生氣
你怎麼都講不聽啊！
好了好了，你一定很累了吧~
去澡堂泡個澡放鬆一下吧！
呆滯
使用相同的對應方式
我回來了
謝謝老婆
能夠實行這些做法
我買布丁回來囉！
耶~
也是因爲「我們」的關係

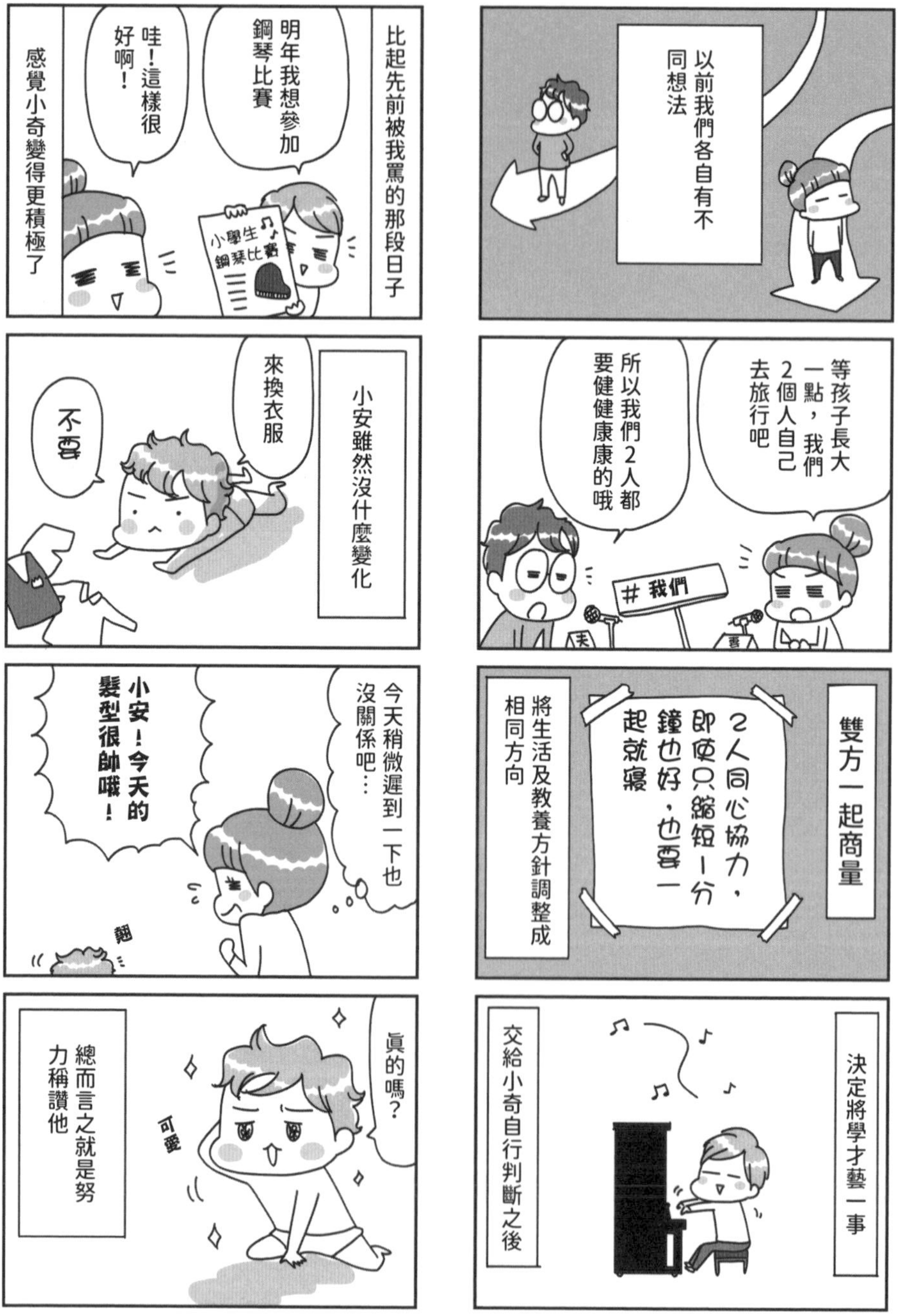
以前我們各自有不同想法
等孩子長大一點，我們2個人自己去旅行吧
所以我們2人都要健健康康的哦
我們
雙方一起商量
2人同心協力，即使只縮短1分鐘也好，也要一起就寢
將生活及教養方針調整成相同方向
決定將學才藝一事
交給小奇自行判斷之後
比起先前被我罵的那段日子
明年我想參加鋼琴比賽
小學生鋼琴比賽
哇！這樣很好啊！
感覺小奇變得更積極了
小安雖然沒什麼變化
來換衣服
不要
今天稍微遲到一下也沒關係吧…
小安！今天的髮型很帥哦！
翹
真的嗎？
可愛
總而言之就是努力稱讚他

何時才輪到美佳呢？
嘿咻
感覺美佳應該也能跨越不要不要叛逆期
不論是伊藤小姐、鈴木小姐還是我們家
發脾氣一事
並非完全消失…
只是活用老師所傳授的知識
相同方向
逃跑也OK
託付
9歲的障礙
生氣的SOS
我們
生氣的情況減少了
啊——
好好觀察孩子並守護著他們
想要和他們一同成長
敬上
嘿嘿嘿
可不要太勉強自己哦！

感到焦躁不安時，馬上可以做的10項心態切換祕技 10

1 試著認同孩子們所說的話

2 請在心中跟自己說「不要不要是孩子們的自我表示」

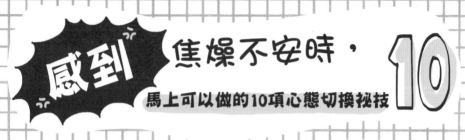

3

當孩子沒有說不要不要時，請持續誇讚他們哦！

今天換衣服很快哦，好棒！今天也很帥哦！
嘿嘿♡

4

孩子如果說謊的話，在發怒之前先表示傷心

5

「想一下的話就會知道了吧？」這句話請對9歲以上的孩子說

9歳の壁

6

憤怒無法停止的時候，請向老公表示自己已到達極限了，說出「請幫幫我」

7

生氣的對象，也許是小時候的自己

8

偶爾也和孩子們一起放空吧

9 10分鐘就夠了！停下腳步聽聽孩子說些什麼

10 夫妻間的暗號是「我們」

附加 今年是令和年哦

和自己的雙親採取不同的生活方式也可以哦！

後記

你是否十分享受「發怒也可以哦」特輯呢？

阿部小姐一家洋溢著滿滿的愛情，真是讓人羨慕呢！

在進行諮詢的半年內，小奇、小安和美佳對我來說，已經像是自己的孩子般存在，同時正在閱讀此書的你以及你的孩子們，對我來說也形同一家人。

我最喜歡和各位家長們進行面談了。

我雖然也喜歡提升孩子們的學習能力，但更希望能貼近家長們的憂慮，給予他們一些育兒的建議、教導他們如何抓住孩子們的心，讓他們覺得「這樣的話或許我可以做到」的信心建立。媽咪或爸比和我談話的過程中，如果能放下心中的煩惱，並且露出笑容的話，對我來說就是最大的快樂了。

父母之所以會對育兒感到憂慮，正是證明了比任何人都更疼愛孩子們，並願意注入更多的愛在孩子身上。也正是因為這份愛，所以我也能更愉快的繼續此份工作。

在養育小孩的過程中，不管是誰都一定會有煩惱。雖然大部份的父母都非常用心且認真，但難免會自責「我怎麼會如此嚴厲地斥責孩子，我是不是哪裡有問題呢？」「其他媽媽們一定會更加溫柔的對待孩子吧！」

在本書當中，當伊藤小姐說出自己的育兒煩惱時，阿部和鈴木小姐也馬上附和「對對！我也有同感」。所以不是只有你有相同情況，這其實是很常見的。

但是，想改變這樣的自己，希望和孩子們關係更加融洽，要踏出這一步其實十分不容易。各位平日忙於工作，身心皆已疲憊不堪，所以即便是小小的變化，也是十分不容易的事。

然而，現在手上拿著本書的你們，已經邁出改變的那一步，真的非常棒，應該對自己更有信心一點，你一定也可以的！

即便只有嘗試一點點也可以，試著將書中獲得的知識，實際地運用看看吧！

小川大介

後記

你對於我們近數個月的面談內容覺得如何呢？

直到向小川老師進行採訪前，老實說我們認為「可以減少怒罵的次數？這是不可能的吧！」

「認同孩子」、「稱讚孩子」、「守護孩子」等等，由小川老師所傳授的「知識」，在家試著實踐後，看到了另一種先前沒看過的家庭氛圍。

如果仔細地觀察孩子們，就會發現「啊～孩子平時會這麼做，原來是因為這個理由」的真相，並且能夠更誠心接受。

和小川老師的談話當中，最讓我感到共鳴的是「對過去的自我感到憤怒」。

也就是一方面希望孩子們「體驗自己沒能做到的事」、「希望孩童時期能過得比自己更充實」；另一方面又包含著羨慕與悔恨等複雜情緒相互交織，並和自我的童年相互重疊，察覺到此一部份，才會不由得大聲怒罵孩子。

最近當憤怒湧上心頭時，我會試著停止動作，並詢問自己生氣的對象是誰？是「孩子們」還是「過去的自己」？

試著這樣做之後，我發現到大多數時候，面對「過去的自己」時，我比想像中的要感到憤怒。

察覺到我並不是對孩子而生氣，憤怒感就會慢慢消失。

每次和編輯伊藤小姐、作家鈴木小姐討論時，育兒的煩惱總會接二連三的出現。

總而言之，就是想幫助包含自己在內、疲憊不堪的媽媽們。3個人最後決定要做到的是「媽咪的快樂」。

就當作是被我騙了，請在可能的範圍內，嘗試找出讓媽咪們能變得快樂的事物，就算是只有1項也可以。然後請和爸爸們分享。

寫這本書時候，教導我許多育兒知識的監修小川老師；還有一起分享育兒煩惱、思考許多事情的伊藤小姐、鈴木小姐；幫忙製作封面的坂野桑；以及出版社相關人員，我在此由衷感謝各位的幫忙。

被追稿的時候，「媽咪，工作要加油哦！」如此鼓勵我的小奇和小安、擁有軟綿綿臉頰並能給我慰藉的美佳、在我寫書到半夜時給我布丁當宵夜的老公，我真的真的非常感謝你們。

希望因為「責罵」而感到憂慮的媽媽們，從今後能夠變得更開心！

非常感謝你的閱讀。

阿部直美

Orange Baby 14

崩潰媽咪的育兒日記

—幫媽咪擺脫怒吼日常的教養法

出版發行
橙實文化有限公司 CHENG SHI Publishing Co., Ltd
粉絲團 https://www.facebook.com/OrangeStylish/
MAIL: orangestylish@gmail.com

作　　者　阿部直美
監　　修　小川大介
翻　　譯　鄭光祐
總 編 輯　于筱芬 CAROL YU, Editor-in-Chief
副總編輯　謝穎昇 EASON HSIEH, Deputy Editor-in-Chief
業務經理　陳順龍 SHUNLONG CHEN, Sales Manager
媒體行銷　張佳懿 KAYLIN CHANG, Social Media Marketing
美術設計　楊雅屏 YANG YAPING
製版／印刷／裝訂　皇甫彩藝印刷股份有限公司

編輯中心
ADD／桃園市大園區領航北路四段 382-5 號 2 樓
2F., No.382-5, Sec. 4, Linghang N. Rd., Dayuan Dist., Taoyuan City 337, Taiwan (R.O.C.)
TEL／（886）3-381-1618 FAX／（886）3-381-1620
MAIL: orangestylish@gmail.com
粉絲團 https://www.facebook.com/OrangeStylish/

全球總經銷
聯合發行股份有限公司
ADD／新北市新店區寶橋路 235 巷弄 6 弄 6 號 2 樓
TEL／（886）2-2917-8022　FAX／（886）2-2915-8614

初版日期 2022 年 10 月